普通高等教育土建学科专业"十一五"规划教材
全国高职高专教育土建类专业教学指导委员会规划推荐教材

建筑形态与构成
（建筑设计技术专业适用）

本教材编审委员会组织编写
刘海波 主编
季 翔 主审

中国建筑工业出版社

图书在版编目(CIP)数据

建筑形态与构成／本教材编审委员会组织编写．—北京：中国建筑工业出版社，2008
普通高等教育土建学科专业"十一五"规划教材．全国高职高专教育土建类专业教学指导委员会规划推荐教材．建筑设计技术专业适用
ISBN 978-7-112-09816-3

Ⅰ．建… Ⅱ．本… Ⅲ．建筑设计：造型设计－高等学校：技术学校－教材 Ⅳ．TU2

中国版本图书馆CIP数据核字（2008）第061607号

普通高等教育土建学科专业"十一五"规划教材
全国高职高专教育土建类专业教学指导委员会规划推荐教材

建筑形态与构成

（建筑设计技术专业适用）

本教材编审委员会组织编写

刘海波 主编

季 翔 主审

*

中国建筑工业出版社出版、发行（北京西郊百万庄）
各地新华书店、建筑书店经销
北京嘉泰利德公司制版
北京方嘉彩色印刷有限责任公司印刷

*

开本：787×1092毫米 1/16 印张：9 字数：220千字
2008年7月第一版 2008年7月第一次印刷
印数：1—3000册 定价：38.00元
ISBN 978-7-112-09816-3
(16520)

版权所有 翻印必究
如有印装质量问题，可寄本社退换
（邮政编码 100037）

本书全面论述了建筑形态构成的基本知识，包括：建筑形态与构成概述，建筑形态的基本形式要素，建筑形态的色彩要素，建筑形态的构成形式，建筑形态的视知觉。

　　本书适用于高等职业院校建筑设计、建筑装饰、园林工程等专业的所有学生、教师选用，也可以作为建筑师、规划师、园林设计师以及对建筑形态构成感兴趣的读者。

＊　＊　＊

责任编辑：朱首明　杨　虹
责任设计：赵明霞
责任校对：梁珊珊　孟　楠

序　言

全国高职高专教育土建类专业教学指导委员会建筑类专业指导分委员会是建设部受教育部委托，由住房和城乡建设部聘任和管理的专家机构。其主要工作任务是，研究如何适应建设事业发展的需要设置高等职业教育专业，明确建设类高等职业教育人才的培养标准和规格，构建理论与实践紧密结合的教学内容体系，构筑"校企合作、产学结合"的人才培养模式，为我国建设事业的健康发展提供智力支持。

在住房和城乡建设部人事教育司和全国高职高专教育土建类专业教学指导委员会的领导下，自成立以来，全国高职高专教育土建类专业教学指导委员会建筑类专业指导分委员会的工作取得了多项成果，编制了建筑类高职高专教育指导性专业目录；在重点专业的专业定位、人才培养方案、教学内容体系、主干课程内容等方面取得了共识，制定了"建筑装饰技术"等专业的教育标准、人才培养方案、主干课程教学大纲；制定了教材编审原则；启动了建设类高等职业教育建筑类专业人才培养模式的研究工作。

全国高职高专教育土建类专业教学指导委员会建筑类专业指导分委员会指导的专业有建筑设计技术、室内设计技术、建筑装饰工程技术、园林工程技术、中国古建筑工程技术、环境艺术设计等6个专业。为了满足上述专业的教学需要，我们在调查研究的基础上制定了这些专业的教育标准和培养方案，根据培养方案认真组织了教学与实践经验较丰富的教授和专家编制了主干课程的教学大纲，然后根据教学大纲编审了本套教材。

本套教材是在高等职业教育有关改革精神指导下，以社会需求为导向，以培养实用为主、技能为本的应用型人才为出发点，根据目前各专业毕业生的岗位走向、生源状况等实际情况，由理论知识扎实、实践能力强的双师型教师和专家编写的。因此，本套教材体现了高等职业教育适应性、实用性强的特点，具有内容新、通俗易懂、紧密结合实际、符合高职学生学习规律的特色。我们希望通过这套教材的使用，进一步提高教学质量，更好地为社会培养具有解决工作中实际问题的有用人才打下基础。也为今后推出更多更好的具有高职教育特色的教材探索一条新的路子，使我国的高职教育办得更加规范和有效。

全国高职高专教育土建类专业教学指导委员会建筑类专业指导分委员会
2008.5

前　言

　　对造型的把握能力是建筑设计师思维之本，现代建筑设计师、风景园林设计师、城市规划师在设计活动中愈发认识到视觉造型形式审美的重要性，建筑形态与构成作为学习和研究形态设计的重要基础课，已为当今世界许多国家建筑设计教育界所重视。

　　长期以来国内建筑设计一直运用自20世纪80年代初期我国艺术设计院校引入的德国包豪斯构成设计基础课程，即平面构成、色彩构成、立体构成，也就是所谓的三大构成作为建筑形态构成基础教育体系。但脱离建筑本身来谈形态与构成，这无疑孤立了建筑设计与形态基础训练关系，拉大了进入专业设计的距离，不利于培养建筑的空间感与建筑视觉形态的审美。

　　建筑形态构成是在基本形态构成理论的基础上探求构成特点和规律的学科。建筑形态与构成应结合建筑设计全面讲述建筑形态构成的基础理论，进一步从基础形态的空间构成训练快速的进入建筑形态设计与创造，这也是我们编写这本教材的动力。我们希望通过此书，使学生了解与把握建筑形态的特征与感性知觉的联系，从而培养他们良好的空间形态审美素质与设计思维能力，并为专业设计打下基础。

　　为了便于分析，本书从建筑设计、园林设计、城市规划设计的角度，在运用了大量建筑形态的基础上，把建筑形态同功能、技术、经济等因素分离开来，作为纯建筑造型现象，抽象、分解为基本形态要素（点、线、面、体——空间），探求其视觉特性，研究其内在的视觉要素（形状、数量、色彩、质感）和关系要素（位置、方向、重力）作用下的组合特点和规律，考虑视觉心理要素的影响，挖掘建筑形态构成的可能性。

　　由于编写时间紧迫，编者水平有限，编写中尽管参阅了大量相关资料，但研究成果仍难臻于完善，疏漏乃至错误之处在所难免，敬请有关专家和读者不吝赐教，以供修时改进。

编者

目　　录

第1章　建筑形态与构成概述 …………………………………………… 1
　1.1　形态与构成 ……………………………………………………… 2
　1.2　建筑形态与构成的学习 ………………………………………… 3

第2章　建筑形态的基本形式要素 ……………………………………… 5
　2.1　形态的分类 ……………………………………………………… 7
　　2.1.1　自然形态 …………………………………………………… 7
　　2.1.2　人工形态 …………………………………………………… 8
　课题训练 ……………………………………………………………… 10
　2.2　形态的基础要素——点 ………………………………………… 10
　　2.2.1　点的特征 …………………………………………………… 10
　　2.2.2　点的构成方式 ……………………………………………… 11
　　2.2.3　点的视觉情感 ……………………………………………… 13
　课题训练 ……………………………………………………………… 15
　2.3　形态的基础要素——线 ………………………………………… 15
　　2.3.1　线的特征 …………………………………………………… 15
　　2.3.2　线的分类 …………………………………………………… 15
　　2.3.3　线的构成方式 ……………………………………………… 17
　　2.3.4　线的视觉情感 ……………………………………………… 24
　课题训练 ……………………………………………………………… 27
　2.4　形态的基础要素——面 ………………………………………… 27
　　2.4.1　面的特征 …………………………………………………… 27
　　2.4.2　面的分类 …………………………………………………… 29
　　2.4.3　面的构成方式 ……………………………………………… 29
　　2.4.4　面的视觉情感 ……………………………………………… 30
　课题训练 ……………………………………………………………… 33
　2.5　形态的基础要素——体 ………………………………………… 33
　　2.5.1　体的特征 …………………………………………………… 33
　　2.5.2　体的分类 …………………………………………………… 34
　　2.5.3　体的构成方式 ……………………………………………… 35
　　2.5.4　体的视觉情感 ……………………………………………… 37
　课题训练 ……………………………………………………………… 39

第3章　建筑形态的色彩要素 …………………………………………… 41
　3.1　色彩的基本原理 ………………………………………………… 42

  3.1.1 色彩的自然法则 ·· 42
  3.1.2 色彩的分类 ·· 43
  3.1.3 色彩的三要素 ·· 43
  3.1.4 影响色彩关系的要素 ·· 45
  3.1.5 色彩的属性 ·· 45
 课题训练 ·· 46
3.2 色彩的对比 ·· 46
  3.2.1 明度对比 ·· 46
  3.2.2 色相对比 ·· 47
  3.2.3 纯度对比 ·· 48
  3.2.4 同时对比与连续对比 ·· 48
  3.2.5 色彩面积、形状、位置对比 ·· 48
  3.2.6 色彩的同化 ·· 49
 课题训练 ·· 50
3.3 色彩的调和 ·· 50
  3.3.1 类似调和与对比调和 ·· 50
  3.3.2 色彩视觉生理与心理的和谐 ·· 50
 课题训练 ·· 51
3.4 色彩的心理 ·· 51
  3.4.1 色彩的物质性心理错觉 ·· 51
  3.4.2 色彩的社会心理与民族心理 ·· 52
  3.4.3 色彩与环境 ·· 54
 课题训练 ·· 56
3.5 建筑形态的色彩造型 ·· 56
  3.5.1 色彩在建筑形态中的作用 ·· 56
  3.5.2 建筑色彩造型的特点 ·· 62
  3.5.3 建筑色彩造型的基本原则 ·· 63
  3.5.4 建筑色彩造型的方法 ·· 63
 课题训练 ·· 69

第4章 建筑形态的构成形式 ·· 70
4.1 基本形与形体的变化 ·· 72
  4.1.1 基本形状 ·· 72
  4.1.2 基本形体 ·· 77
  4.1.3 规则的和不规则的形式 ·· 81
  4.1.4 基本形体的变化 ·· 81
 课题训练 ·· 87
4.2 基本形体之间的空间关系 ·· 87

  4.2.1 相含空间 ·· 87
  4.2.2 相交空间 ·· 89
  4.2.3 相邻空间 ·· 90
  4.2.4 连接空间 ·· 91
 4.3 多元形的构成方式 ·· 92
  4.3.1 集中式组合 ·· 93
  4.3.2 线式组合 ·· 95
  4.3.3 放射式组合 ·· 96
  4.3.4 组团式组合 ·· 97
  4.3.5 网格式组合 ·· 99
 课题训练 ·· 101
 4.4 建筑肌理 ·· 101
  4.4.1 建筑肌理的概念 ·· 101
  4.4.2 肌理的形态特征 ·· 102
  4.4.3 肌理的组织形式与配置 ·· 102
  4.4.4 建筑肌理的材料表现 ·· 104
 课题训练 ·· 113

第5章 建筑形态的视知觉 ·· 114
 5.1 形态的平衡感 ·· 116
  5.1.1 对称 ·· 116
  5.1.2 均衡 ·· 118
 课题训练 ·· 119
 5.2 形态的韵律感 ·· 119
 课题训练 ·· 121
 5.3 形态的秩序感 ·· 122
 课题训练 ·· 124
 5.4 形态的对比与调和感 ·· 124
  5.4.1 材质的对比与调和 ·· 125
  5.4.2 实体与空间的对比与调和 ·· 126
 课题训练 ·· 126
 5.5 形态的空间感 ·· 128
  5.5.1 物理空间和心理空间 ·· 128
  5.5.2 空间感的创造 ·· 130
 课题训练 ·· 133
参考文献 ·· 134

建筑形态与构成

第1章　建筑形态与构成概述

1.1 形态与构成

人类生活在各种形态构成的三维世界中，从自然界的日月星象到山川河流；从居住的环境到生活用品，都属于三维物质形态，在对形态的有意识、有目的的创造活动中，也创造了思想形态、社会形态。人类创造形态的进步和发展使人类变革环境、适应新的空间的能力不断增强。

形态是指事物在一定条件下的表现形式和组成关系，包括形状和情态两个方面。有形必然有态，态依附于形，两者不可分离。我们对形态的研究包括两个方面：一方面是指物形的识别性，另一方面是指人对物态的心理感受。所以，我们对事物形态的认识有客观存在的一面，也有主观认识的一面。

构成是一个近代造型概念，是创造形态的方法，研究如何创造形象，形与形之间怎样组合，以及形象排列的方法。人类所有的发明创造行为本身就是对原有要素的重构，大到宏观宇宙世界，小到微观原子世界，都可以有自己的组合关系、结构关系。我们进行构成这种分解与组合关系时，就是利用各种可能性，从不同的角度做组合排列，从而产生新的造型。

简单地说，构成是以形态或材料等为素材，按照视觉效果、力学或心理学、物理学原理进行的一种组合。这是一种既包括机械性作业又包含思维运筹的直观操作，所以它是直觉思维性与推理思维性相结合、理性与感性相结合的产物。

构成强调创造性，它不同于以依据原型为共同点的模仿、描写、变形等造型概念。

它强调解析整体形态，以深入到形态的内部，抓住形态的本质，从而创造出全新的形态。它的产生和发展给建筑设计领域注入了新的活力，也给建筑师的创造带来新的灵感。

形态构成是现代视觉造型艺术的一种基础理论，其原理是将客观形态分解为不可再分的基本要素，研究其视觉特性、变化与组合的可能性，并按力与美的法则组合成所需的新的形态。基本形态构成包括平面、立体—空间构成与色彩构成等。

建筑形态构成是在基本形态构成理论的基础上探求构成特点和规律的学科。为了便于分析，把建筑形态同功能、技术、经济等因素分离开来，作为纯造型现象，抽象、分解为基本形态要素（点、线、面、体—空间），探求其视觉特性，研究其内在视觉要素（形状、数量、色彩、质感）和关系要素（位置、方向、重力）作用下的组合特点和规律，考虑视觉心理要素的影响，挖掘建筑形态构成的可能性。

建筑形态构成作为学习和研究形态设计的重要基础课，已为当今世界许多国家设计教育界所重视，它是在本世纪20年代包豪斯学院首次开设构成课的基础上经过改进和发展而创立的学科。所谓构成，是一种创造方法、一种形态分析法。即以人类特有的综合性，分析各种复杂的视觉表面现象的形态要素，从而发现并创造出新的造型方法和规律。传统地依靠偶发性灵感式的构思方法是有局限的，它无法展示众多的设计方案。构成则从造型要素入手进行变化及排列组合，以建立造型的视觉和谐与秩序美，或者以产生有意图的视觉兴奋为目的，具有逻辑的推理性，呈现出无限的构思。

因此，建筑形态构成在研究形态与空间的艺术性，追求纯粹形体和空间的创造上，有着科学体系的设计思维和训练模式。

1.2 建筑形态与构成的学习

建筑形态与构成的学习作为基本素质和技能的训练过程在整个建筑设计中是必不可少，它不单纯强调自身的独立性，不以自身的完成为目的。其重要的不是仿造而是体验和感受；强调的不是模式而是思路；重视的不是最后结果而是创作过程。建筑形态与构成学习的过程讲究合理协调眼睛（观察）、头脑（理解）、手（表现）的工作。通过学习认识自然，开发设计的能力，激发敏锐的美感反应。因此，建筑形态与构成对于培养丰富想像力，了解立体空间的形态美，尤其是开拓设计思维，有着重要的作用。

建筑形态与构成不仅仅是对立体空间形态的研究，它对锻炼造型的感受力、直观判断力，培养潜在的思维力，启发对材料的认识以及由材料引起的重新的构思，都起着重要的作用。

建筑形态与构成以创作训练为主线，着重于理解力的培养和训练。形象思维与逻辑思维相结合，开拓创作思路、剖析形态的本质、发掘材料与工艺的造型可能、探讨造型设计中的至美因素以及设计师所具备的技术意识。从简单的基本元素入手，探寻相互间的关系，以及相互关系带来的心理感受上的变化，寻求心理变化的根源，并能够运用新的视觉元素寻求新的效果。从一般侧重于激发训练转为培养空间形态的感觉和表现技能并重，以提高视觉的感知能力，注重从基础向设计创作的递进，架起由基础到设计的桥梁，同时进一步地开发和培养创造性思维的能力。

构成给出了很多规律，但是不能机械地套用这些现成的规律。成功的设计和艺术创作都是从有法发展到无法。仅仅学习建筑形态构成是远远不够的，设计水平的提高依赖于综合素质的养成，这样的创新才是真正意义上的创新，而不只是停留于形式的表层。

课程提倡以创造性的思维方式对待设计中的各种问题，创造意识的培养和创意思维的训练贯穿始终。同时，也要对视觉要素进行理性的分析，构成的训练遵循严格的形式。对建筑形态构成的学习不能忽视或回避当代艺术的发展和成就，无论在观念或形式上，当代艺术足以带给设计很多启发。当代艺术中包含新的技术、新的时代精神，包括极其敏锐的感受。应该广泛地接触各种艺术形式，也许带来灵感的就是一段音乐、一个电影镜头，或是城市生活中某个一掠而过的场景。

艺术总是来源于生活，而又高于生活的。形态构成的道理也是从生活中总结出来的，所以真正值得研究的是生活本身，作生活中细心敏锐的观察者，掌握了这一点，就是掌握了学好形态构成、打开建筑设计大门的钥匙。

建筑形态与构成

第2章 建筑形态的基本形式要素

现实生活中存在着无以计数、千姿百态的形态。现实的立体世界，可以多角度去观察，不同的角度呈现不同的外形，仅用形状去描述，不能完全确定这个立体，所以我们不能简单的把立体称之为形状，而应称为"形态"（图2-1）。

点、线、面、体被称为形态的要素。而在造型学上，点、线、面、体是一种视觉上引起的心理意识。形态的点、线、面、体是相对联系的、可变的关系，不能进行严格的区分。如：点材沿一定的方向连续下去，就会变成线；线材横向排列，就会变成面；面材堆积起来，就形成体。形态中的点、线、面、体也是相对而言的，在建筑楼群中，一幢楼可以看作是点，但相对一辆车时，一幢楼就是一个体。形态中的点、线、面、体与形状中的点、线、面、体也是有差异的，形态中的点、线、面、体都是三维实体，都具有长、宽、深的三度空间（图2-2～图2-4）。

图2-1　自然中存在的形态（左上）
图2-2　城市形态中的点、线、面（右上）
图2-3　建筑中的线形态（左下）
图2-4　建筑中的点与面形态（右下）

形态按其特征可以将其分为两大类：即概念形态和现实形态。概念形态不真实存在，只是为了更准确地去认识、研究它，由于其不属于我们研究的范畴，故在此不加以介绍。而现实形态却是真实存在的。只要我们看得见或摸得着的都是现实形态。

2.1 形态的分类

现实形态可分为自然形态和人工形态两大领域。所谓的自然形态，可以解释为不以人的意志为转移的一切可视或可触摸的形态，是自然界已存在的物质形态。自然形态包括自然有机形态、自然无机形态及其滋生的一切自然现象。

而所谓人工形态是指人类有意识的从事视觉要素之间组合或者构成等活动所产生的形态，是人们将意识进行物化的形态。人工形态包括具象与抽象的传统形态与实用形态。

人们把内力变化的形态感受为生命的形象。把无生命的东西感受为有生命的东西——赋予其感情，这便是创造人工形态的关键。因此，如何正确认识和理解形态生存的规律便显得十分重要，它会直接影响到对人工形态的创造。

2.1.1 自然形态

"自然"是一个相当广泛的名词，它包含了宇宙间全部的现象。自然学家把它解释为一种时间和空间现象所共同组成的完整体系，而自然形态就是在这种体系之下所产生的一切可视或者可触的现象和形态。自然界客观存在着有机形态和无机形态，给我们带来了强烈的视觉感受，山的巍峨、云的飘逸、花的绚丽、水的柔美等等。他们在长期的生长过程中，相互依存、相互发展共同维系着自然界的生态平衡与和谐。

图2-5 自然有机形态

1. 自然有机形态

自然有机形态指的是接受自然法则支配或适应自然法则而生存的形态，也就是富有生长机能的形态。人体是最为典型的有机形态，男性人体有刚直之美,女性人体有柔曲之美,古希腊、罗马时代就赞美"人体之美"，在视觉艺术中大量的塑造人体。人和动物都是能处于运动状态的形态类型，而另一类型的植物，同样是有生命力的，但是人看不到植物的生长状态，而只是看到由小到大、由低到高的生长结果。树枝的强劲有力、分支的茂盛、花朵的含苞欲开……这一切都使人感到生机勃勃。有机体与外界环境相适应，有着相互制约、相互联系的关系。鱼类天生适应在水中自由游荡，它是动感很强的形体；鹰之所以能搏击长空，是其双翅的形体和奇特的结构所赋予的；贝类动物的曲面形壳体能承受强大的水压。有机形体的器物造型更容易被人所接受，因为人类自身就是有机体（图2-5）。

2. 自然无机形态

自然无机形态指的是原来就存在于世界，但不继续生长、演进的形态，也就是不再具有生长机能的形态。自然界还有些并无生命的无机体，却表现了有机形体的形态特征。如卵石，呈现光滑的曲面，是外力（自然风化与水的冲刷）而形成的，这本是无生命的无机体，在外力的作用下，逐步适应外力而形成的类有机形体。尽管其确无生命，但它给人的感觉是有生命力的，具有强烈的扩张感（图2-6）。

2.1.2 人工形态

人工形态是人类有意识的从事各种有形的活动，就活动意识来讲可分为不受任何条件因素限制而随个人的意欲表达其目的的纯粹造型和为其特定的机能条件去完成的造型活动——实用造型。

就形态的外形而言，可以归纳为具象形态与抽象形态两类（图2-7～图2-8）。

1. 具象形态

所谓的具象形态是以模仿客观事物而显示其客观形象及意义的形态。由于其形态与存在的实际形态相似，我们称之为具象形态。

具象形态按其造型的手法与表现的风格不同可分为写实具象形态与变形具象形态。

写实具象形态是指以完全忠实表现对象的态度描写客观事物的真实面貌。

图2-6 自然无机形态（左）

图2-7 写实具象形态（右上）

图2-8 变形具象形态（右下）

变形具象形态是指运用夸张、简洁或规则化的手法，表达客观事物在主观感觉中的特殊表象，但仍需维持客观辨认的真实面貌效果。

2. 抽象形态

抽象形态可以解释为不具有客观意义的形态，是以纯粹的几何观念提升客观意义的形态，是人无法辨认原始的形象及意义。它是根据造型者的概念的意义而创作的观念符号，并不是模仿现实。

抽象形态也因造型者自身理性与感性成分的不同而有理性的抽象形态和非理性的抽象形态两种（图2-9～图2-10）。

有理性的抽象形态是指冷静和理性的美学表现，专注于纯粹结构知性的追求。有理性的抽象形态富有明确、严整的效果，处理不当就会有单调、呆板

图2-9 理性的抽象形态

图2-10 非理性的抽象形态

的感觉。

非理性的抽象形态是属于感觉和情绪的造型表现，强调纯粹性的挥洒。非理性的抽象形态虽富有灵活、轻松的效果，处理不当就会有零乱、松弛的感觉。

课题训练

■ 发现形态

课题要求：选择生活中感兴趣的形态（人工形态、自然形态均可），尝试用全新的角度去审视与观察，将新发现的形态表现在画面上。

数量要求：2～4张（12cm×12cm）

建议课时：4课时

课题步骤：对形态进行多视角的发现，然后进行不同的表现手法的尝试。

课题提示：新的视角可以夸张的放大或夸张的缩小，如使用放大镜或显微镜。

2.2 形态的基础要素——点

2.2.1 点的特征

在空间构成中点是相对较小而集中的立体形态，是具有空间视觉位置的。现实中的点具有形态、大小、方向和位置。点的主要特征在于它可以吸引人的视线从而导致人的心理张力，产生空间感。通过视线的引力而导致心理张力。点的设置可以引人注意，紧缩空间。在构成中，点的结集常用来表现和强调节

图2-11 建筑室内空间中的点的形态

奏，也可以产生不同的力度感和空间感。

点的连续可以形成虚线，点的综合可以构成虚面。由点构成的虚线、虚面虽然不如实线、实面那么明确、结实，但更具有节奏与韵律的美感。例如：大小相同的点不等距排列，可以产生规整而有序的美感。等间距、排列不同大小的点，可以产生强烈视觉效果；由小到大排列，可以产生递进的运动感，同时产生空间上的深远感，起到扩大空间的效果。

虽然点是造型上最小的视觉单位，但其位置关系到整体效果，因此，点与形的关系有相当实质的意义。例如：房门上的把手、餐厅的吊灯、墙上的壁画、茶几上的花瓶……（图2-11）。

2.2.2 点的构成方式

1. 创造视觉焦点

点的形态要素（如大小、位置、色彩、肌理等）与周围形态要素产生强烈的反差（图2-12）。

2. 点缀主体

点在整体形态中为了美化、点缀主体而设计，起画龙点睛的修饰作用（图2-13～图2-14）。

图2-12　点形态与周围的反差

图2-13 点形态的空间点缀

图2-14 点形态的空间点缀

2.2.3 点的视觉情感

1. 点的运动感

往往采用点的结集、发射、渐变等骨骼方式,当一群点水平或发射均匀排列成行时,我们感到了这些点的定向匀速运动。当这种直线排列不是均匀的而是或密或疏的发散时,我们就感到了它们有渐变性的运动变化。点群有规律的运动变化,产生线的特性;点群无规律的运动变化,呈现一种活跃、跳动的视觉感受(图2-15)。

2. 点的空间感

空间中位置居中的点引起视觉稳定而集中。点在空间的位置上移后有上浮感,反之有跌落感。点的位置移至上方一侧,产生的不安定感更加强烈。当点移至中点下方,会产生踏实的安定感。点移至左下或右下时,踏实安定之中增加了躁动感。

由大到小或由小到大渐变排列的点,产生由强到弱或由弱到强的运动感,同时产生空间深远感,起到扩大空间的效果(图2-16)。

3. 点的力度感

沿着高或宽任一个方向,点之间距离较近,由于张力产生线的感觉。点的有序排列,产生连续和间断的节奏和线形扩散的效果。沿着高宽两个方向或高宽深三个方向较近距离放置的点,容易分别产生面或者体的感觉。点之间距离最近,越容易产生密集、硬朗的效果;点之间距离最远,越容易产生疏散的、轻盈的效果(图2-17)。

图2-15 点形态的运动感

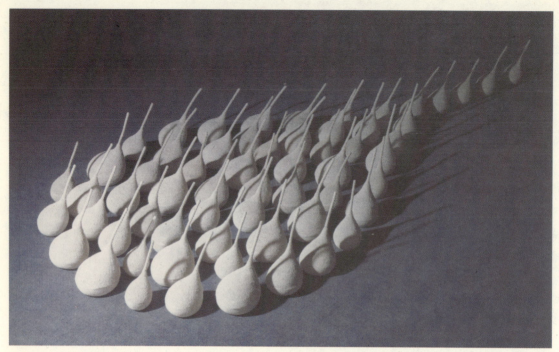

图2-16　点形态的空间感

图2-17　点形态的力度感

课题训练

■ 空间点的构成

课题要求：在对点的概念、性质、不同点的表情有了一定认识的基础上，对不同工具与表现手法进行初步尝试，充分利用不同的工具、不同的表现手法去进行以不同的空间点为基础元素的空间形态组合。

数量要求：1件（尺寸不限）

建议课时：4课时

课题步骤：对相同的点、不同的点进行有规则的、不规则的、不同表现效果、不同组合形式的尝试。

课题提示：点的空间构成训练，不仅与表现手法有关，还涉及到点的组合问题，要充分利用构成的骨格相关知识。

■ 空间点的发现

课题要求：尝试在建筑形态中寻找点的元素。

数量要求：4～6张

建议课时：4课时

课题步骤：对建筑形态进行仔细观察、分析，用照片影像或速写方式进行记录。

课题提示：对描绘的建筑形态的点形式规律进行文字分析。可以充分利用网络资源。

2.3 形态的基础要素——线

2.3.1 线的特征

在空间构成中，线是相对细长的立体形。虽然线是以长度的表现为主要特征，但只要它的粗细限定在必要的范围之内，都可以称之为线。线材以长度为特征，它轻盈而不具有体量感，且具有连接空间的作用。组合后的形态总体上透空性较强，犹如人的骨骼（图2-18～图2-19）。

线是构成空间立体的基础，具有连接空间的作用。线的不同组合方式，可以构成千变万化的空间形态。线有积极和消极两种意义，所谓积极的线是指独立存在的线，而消极的线则是指存在于平面边缘或立体棱边的线。在造型学中，线是三维实体，具有长度、宽度和厚度。线富于变化，对动、静的表现力最强，是最富有表现力的形态，比点具有更强的心理效果（图2-20～图2-21）。

2.3.2 线的分类

线从形态上大致可以分为直线和曲线两大类。直线包括水平线、垂直线、斜线和折线等；曲线包括几何曲线和自由曲线等。

就线材的表面肌理，可以分为高反光线材、透明线材、普通线材。高反

图2-18 建筑中的线形态(一)

图2-19 建筑中的线形态(二)

图2-20 线形态的表现(一)

图2-21 线形态的表现(二)

光线材有：不锈钢条、铜丝等；透明线材有：玻璃棒、透明塑料棒等；普通线材的品种十分广泛。

就线材的物理属性，可以分为金属线材和非金属线材。这种分类方式有助于在造型过程中利用材料的物理、化学性能，更好地表现对象。

从材料性能上大致可以分为硬质线材构成和软质线材构成两大类。硬质线材构成有：连续性线材构成，线层结构。软质线材构成有：伸拉、线织面构成。软质线条和硬质线条的特征是显著不同的。硬质的可以独立加工成形，硬质线材是具有一定刚性的线材（图2-22～图2-23）。

硬质无韧性线材：玻璃棒、硬塑料棒、管等。硬质无韧性线材质地较为硬、脆，单体形态一旦固定较难改变，大多采用粘接、焊接等方式。

硬质韧性线条：各种金属线、竹、木、藤条、纸条、弹性塑料线材等。由于这种材料有较强的可塑性，可用焊接、粘接、样接、结接等多种手段进行连接；可用弯曲、折等方法变形。

软质的线条则要依附硬质的材料成形，造形上有一定的局限性，软质线条通过加工可以成为具有灵活可塑性的材料。

软质线材材包括两种类型：一种是以有一定韧性的板材剪裁出来的线（如纸板、铜板等），这类线由于自身重量，在一定的支撑下可以形成立体形态。另一类是软纤维（如毛线、棉线等）。

2.3.3 线的构成方式

1. 硬质线材构成

1）连续性线材构成

以一根较长的线材，在空间里做运动，线条运动的形式根据设计的要求，

图2-22 硬质线材构成

图2-23 软质线材构成

可做直线、曲线、折线的转换和空间的伸展，使之产生形式美感，表现线条运动的空间韵律节奏（图 2-24）。

2）线层结构

线层结构即将硬质线材沿一定方向，按层次有序排列而成，具有不同节奏和韵律的空间立体形态。线层的排列方式可以是单纯一种直线的重复排列，并且在大小、方向、位置上进行渐变等；线层的排列方式还可以将每个线层由两根线材组成，如由两根线材组成 V 形、T 形等形式构成，再组成线层结构，或多根线条通过聚集会自然形成疏密变化，聚集密度高的地方显示堆积的感觉，聚集密度低的地方显示为发散、舒展的特征。直线、大弧度曲线、小弧度曲线所构成的聚集或发散形态是不同的，直线曲线的并置使变化之中有秩序（图 2-25）。

3）垒积构成

将材料重叠而产生的构成形式。跟积木一样，靠接触面的摩擦力而维持形体的稳定性。当然为了使其更牢固，可以在接触面上做防滑或胶接处理。

将硬质线材材料一层层堆积起来，相互间没有固定的连接点，可以任意改变的构成。材料之间只靠接触面间的摩擦力维持形体。特点是易于承受向下之压力，若横向受力则很容易倒塌（图 2-26）。

图 2-24 连续性线材构成（左）

图 2-25 硬质线材线层结构（右上）

图 2-26 硬质线材垒积构成（右下）

■ 注意：

（1）接触面过分倾斜会引起滑动，整体不可超出底部支撑面，否则会引起倒塌。

（2）要关注空隙大小、形状所形成的韵律、节奏。

（3）为增大摩擦系数、防止滑动，可在接合处制作缺口，防止滑动。

（4）为保存或移动方便，也可将节点粘接。

4）网架构成

用一定长度的线材，以铰节方式将其组成三角形，再以三角形为单位组合成的构成形态（图 2-27）。

■ 注意：材料一般为硬质材料，同时要考虑形体的稳定性。

5）框架构成

框架一般为硬质线材，根据其连接的材料不同，又可以分为软质线材框架构成和硬质线材框架构成。以同样粗细单位线材，通过粘接、焊接、铆接等方式接合成框架基本形，再以此框架为基础进行空间组合，即为框架结构。框架的基本形态可以是立方体、三角柱形、锥形、多边柱形，也可以是曲线形、圆形等基本形。框架结构构成是指用相同的立体线框按一定的秩序排列或交错垒积构成。其构成形式可产生丰富的节奏和韵律。这种框架除重复形式外，还可有位移变化、结构变化及穿插变化等多种组合方式。根据组合方法可将其分为重复、渐变、自由组合、连续框架 4 种（图 2-28）。

图 2-27　硬质线材网架构成（左）

图 2-28　硬质线材框架构成（右）

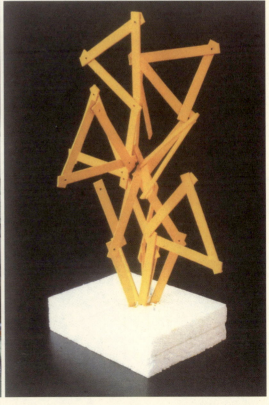

第 2 章　建筑形态的基本形式要素

(1) 重复框架：用相同的平面线框按一定的秩序排列或交错进行垒积。
(2) 渐变框架：用大小渐变的线框排列、插接。
(3) 自由框架：采用类似的线框做自由组合。
(4) 连续框架：由几种单元线构成的框架连接而成。

■ 注意：

框架应有整体感，结构应稳定。空间发展不可太封闭，注意外缘适当留出空余空间。要特别注意框架上方，顶端高度过于统一易产生平的感觉，有碍向上的空间发展。单元的种类不可超过三种。否则，造型效果容易杂乱。但可在框架中添加形象或在秩序排列的方向上进行变化，使其产生空间节奏，增加美感。如用大小渐变的线框按顺序排列。

总之，硬质线材材的排列可尝试多种空间组合，形成富于变化的美好形态。

2. 软质线材构成

软质线材构成的形态较为轻巧但有较强的紧张感。软质线材构成可以产生线层效果，线层也叫线群，就是用直线按一定秩序排列或透叠，产生空间节奏和韵律，能创造出变化丰富的空间形象。软质线材：线、绳、尼龙丝、橡皮筋等。

软质线材本身不具备支撑性，需要借助硬的线材、板材、块材，通过焊接、粘接、结接等手段进行连接。

软质线材构成的形态，总的来说看似轻巧却有较强的紧张感。软质线材构成常用硬质线材作为引拉软质线材的基体，即框架。框架的基本形态可以是立方体、三角柱形、锥形、多边柱形，也可以是曲线形、圆形等。构成方法是将软质线材的两端固定在具有一定构造形式的框架上，框架上的接线点其间距可以等距也可渐变，线的方向可以垂直连接，也可斜向错位连接，形成网状形态（图2-29）。

图2-29 软质线材构成的几种方法

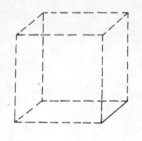
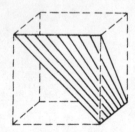
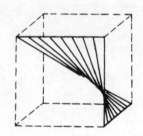

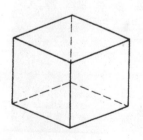
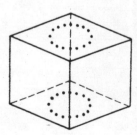
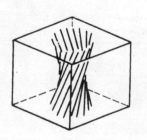
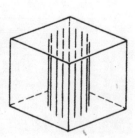

软质线材构成形式主要有以下几种：

1）线织面

线的有规律排列产生面，互相平行的直线，或者在同一平面上的直线，只能产生出基本上表示出二维特征的互相连接的线，只有当直线互相不平行或者不在同一平面时，才能获得三维立体的效果（图2-30）。

在平行线框上排列即是平行线层。如果在不同方向的线框上排列就会有旋转面的效果。方向差别越大旋转角度也越大，三维立体效果也越强。线的面化必须借助于一定的支架或导线。支架或导线的变化，线的运动速度的差异，方向位置的区别等都会引起线织面变化的不同。要注意线织面构成的空间方向性，因为观看的角度不同，组合线织面将呈现几种不同的形态和空间变化，故线织面在重叠成曲面时，须注意空间的内外及曲面具有的方向性，使得在各个角度都能取得较好的观看效果（图2-31）。

此外，还应注意线织面的连接和呼应关系。

基本线织面有圆面、圆柱面、螺旋面、双曲面等。

以基本线织面为基础，加上连接位置差异、运动方向变化的不同等，可以得到变化无穷的线织面。还可以在框架上变化支撑架的有无与线织面组合，创造出扑朔迷离的境界。

图2-30 软质线材线织面构成

图2-31 软质线材线织面构成

■ 注意：

组合线织面在不同的角度会呈现不同的观感。必须注意内外空间的曲面在不同方向的视觉效果。曲面之间处理要有区别以增加变化，同时注意相互呼应、协调统一；注意各线织面的走向应富于变化。

2) 拉伸构造

细线容易弯曲，但是若被拉伸却会表现出很强的反抗力（图2-32）。

在制作拉伸构造时应注意：

（1）固定的部分必须能够承受拉伸线的应力，可以考虑作为拉伸构造所施加的力在相对应的方向上同时施加，以防固体部分往一边倾倒。

（2）线材只有在被神拉时才有作用。

（3）拉线要结实，应选择最有效而距离最短的部位。

3) 编结构成

编结构成的最大特点是不必用硬材作引拉基体（图2-33）。我国的编结技术源远流长，早在远古时代，人们就用结绳记事，科技发达的今天，编结技术依然应用广泛，如室内壁挂、鱼网、毛衣编织、发辫装饰等等。

编结的基本要素是体、扣孔及绳端。体是做圈套的部分，孔是"扣眼"、"网眼"等拴结的主要部分，尾是指孔外的绳头。最基本的结法，有单扣、八字扣、平结、十字结等。其他编结方法是在这些结法的基础上变化发展而来的。

图2-32 软质线材拉伸构造

图2-33 软质线编结构成

2.3.4 线的视觉情感

1. 线的坚硬明确感

直线的心理感觉是坚硬、顽强、明确、单纯、简朴……具有男性性格特征，能够表达冷漠、严肃、紧张、挺拔、坚定、单薄、明确而锐利的感觉（图2-34～图2-36）。

粗直线表现出轻快、敏捷、锐利的性格，锯状直线则显示出焦虑不安的情绪和强烈的节奏感。

垂直线条代表积极向上、端正、严谨、纤细、敏锐、生命、尊严、永恒、强直、上升、下落等情感。

细线条则代表敏感、秀气、纤弱。

水平线条表现安定、平稳、连贯、宁静、沉稳。

斜线条表现方向明确，富有动感、速度感、不稳定感（图2-37）。垂直向上的斜线意味着运动、飞跃，无法控制的感觉；向下的斜线则有危险、沉滞、消极的感觉。

折线条体现曲中有直、坚劲有力，具有一定的攻击性、不安定性。

线与线之间的空隙均匀使人感到整齐，空隙的宽窄不同则有力动性的韵律、深度感和方向感。在构成创作中要考虑线与空间之间的比重关系，尤其要注意空隙，注重线的轻快感、运动感和扩张感。

2. 线的柔和优雅感

曲线形体具有女性性格特征，能表达流畅、优雅、活泼、轻快、柔软、旋律的感觉。几何曲线主要包括圆、椭圆、抛物线、双曲线等，能表达饱满、有弹性、严谨、理智、明快和现代的感觉（图2-38～图2-40）。

图2-34 线的坚硬明确感（一）（左上）
图2-35 线的坚硬明确感（二）（右上）
图2-36 线的坚硬明确感（三）（左下）
图2-37 斜线的视觉情感（右下）

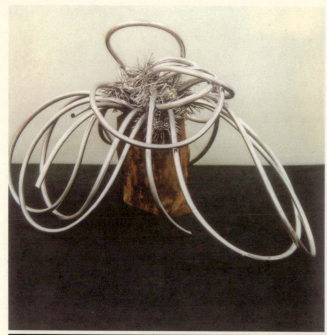

  自由曲线是自然界中自然形成或我们用手独立完成的，如波浪线体、弧线体等，是一种自然的、优美的、跳跃性的线型，能表达圆润、柔和、极富人情味的感觉。大弧度曲线流畅、舒展、饱满、柔和；重复的小弧度曲线蜿蜒，有韧性、缠绵、依附感。

图2-38　曲线视觉情感（一）（左上）

图2-39　曲线视觉情感（二）（右上）

图2-40　曲线视觉情感（三）（下）

  自由曲线产生自然的、激愤的、跳跃性的情绪。例如，大自然的闪电所形成的自由曲线则具有强烈的疯狂感和流动感。

  3．线的严谨理智感

  直线最为理智，其次是几何曲线，几何曲线主要包括圆、椭圆、抛物线等。

它们能表达饱满、有弹性、严谨、明快和现代的感觉。由于制作要借助绘图仪器，因此也带有机械的冷漠感和理智感。

4. 线的运动感

水平线能使我们联想到地平线，水平线的组织能产生横向扩展感。因此，水平线能表达平稳、安静、广阔无垠的感觉。

垂直线显示出一种强烈的上升与下落的力度和强度，能表达严肃、高耸、直接、明确、生长、希望的感觉。

斜线的动势造成了不安定、动荡和倾倒感，向外倾斜，可引导视线向深远的空间发展；向内倾斜，可引导视线向线的交汇点集中。螺旋线是最富有动态和趣味的曲线。

课题训练

■ 空间线的构成

课题要求：在对线的概念、分类、不同线的表情有了一定认识的基础上，对不同工具与表现手法进行初步尝试，进行以不同的线为基础元素的空间形态组合练习。

数量要求：1件

建议课时：4课时

课题步骤：对相同的线、不同的线进行有规则的、不规则的、不同表现效果、不同组合形式的尝试。

课题提示：线的空间构成训练，不仅与表现手法有关，还涉及到线的组合问题，要充分利用构成的骨骼相关知识，同时在对点已有的训练的基础上，不仅仅做形式上的组合，还要尝试着如何在简单的组合中使形态具有意义。

■ 空间线的发现

课题要求：尝试在建筑形态中寻找线的元素。

数量要求：4～6张

建议课时：4课时

课题步骤：对建筑形态进行仔细观察、分析，用照片影像或速写方式记录。

课题提示：对描绘的建筑形态的线形式规律进行文字分析，可以充分利用网络资源。

2.4 形态的基础要素——面

2.4.1 面的特征

空间构成中的面，是较明显的、薄的形体，它虽然有一定厚度，但其厚度与长宽的比要小得多，否则就成了体。它呈现出一种轻薄感与延伸感，犹如人的皮肤。侧面边缘处近似线材，而在面的连续处却很像块材的表面，因此，面材运用得巧妙可具有线与面、块的多重特点。面材的特性赋予了造型以轻快的感觉。

空间的面，无论是平面还是曲面，都具有比线明确、虚弱的空间占有感。面材的形状呈现出一种轻薄感与延伸感。侧面边缘处近似线材，而在面的连续处却很像块材的表面，所以面材运用的巧妙可产生线与面、块的多重特点，面材的特性赋予了造型以轻快的感觉（图2-41～图2-42）。

图2-41　空间中的面（一）（上）
图2-42　空间中的面（二）（下）

面材的运用要充分地利用其本身的轻巧感、伸延感，巧妙的运用使之产生线与块的二重性。

2.4.2 面的分类

面从空间形态上可分为平面和曲面两种形态。

平面有规则平面和不规则平面之分，可细分为几何形、自然形、偶然形和不规则形态。

曲面也有规则曲面和不规则曲面之分，又可细分为几何曲面和自由曲面。面是构成空间立体的基础之一，有着强烈的方向感。

面的不同组合方式可以构成千变万化的空间形态。在空间构成中，虽然面本身有许多形态，但我们注重面形成的体的整体效果。

2.4.3 面的构成方式

1. 层面排列

层面排列是指用若干面形（直面、曲面）进行排列组合的立体形态。基本形可以进行变化，面形的变化包括形状与大小，层面的排列方式可以为：直线、曲线、折线、分组、错位、倾斜、渐变、发射、旋转等类型（图2-43）。

自由式的排列形式在实际应用中非常突出，排列时应注意其秩序性、节奏感和韵律等形式要素。

2. 插接面的构成

将面材切割出切口，然后相互插接，形成较稳定的立体构造即为插接构造。插接口可根据设计的形态要求来确定其宽度与深度。单元形态可分为几何形和自由形，插接方法可分为断面插接与表面插接。

图2-43　层面排列

1）断面插接：即把几何形体分割成若干断面，并将这些断面通过相互插接构成几何形体（图2-44）。

2）表面插接：表面插接是利用多面体的基本形，做成插接面，插接成菱花状的球体。

3）自由体的插接：是用一个面材基本形自由插接，创造出丰富的形态。

3．薄壳构成

利用面材的折曲或弯曲来加强达到极大的力度和材料强度的形态，称之为薄壳构造，是由蛋壳、贝壳而得名。这种构成方法，在现代建筑中得到了广泛的运用，常被用作大型体育馆、剧场、车间的屋顶（图2-45）。

2.4.4 面的视觉情感

1．面的柔和美感

面的柔和美感主要体现在圆形面的表现上。因为圆形总是封闭的，具有饱满的、肯定的和统一的视觉效果，能表现滚动、运动、和谐、柔美的感觉。

曲面也有规则曲面和不规则曲面之分，还可细分为几何曲面和自由曲面。曲面能给人柔美、洒脱、自由、韵律等美感（图2-46）。

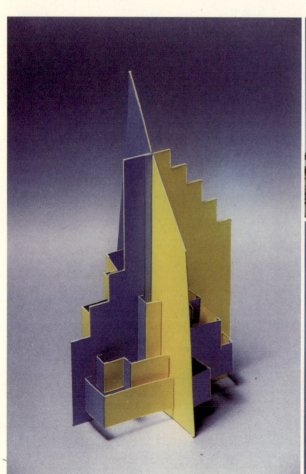

图2-44 断面插接空间形态(左)
图2-45 薄壳构成形态(右上)
图2-46 面的柔和美感(右下)

2. 面的严肃、秩序感

面的严肃感主要体现在直线形、偶数多边形面的表现上。其中长方形、矩形以直角构成，能表达单纯、严肃、明确和规则的特征；平行四边形有运动趋向；正方形更具有稳定的扩张感。几何形形状规则整齐，具有简洁、明确、秩序之美感（图 2-47～图 2-49）。

3. 面的运动感

面的运动感主要体现在三角形面表现上。三角形以三边和三角为构成特点，能表达简洁、明确、向空间挑战的感觉（图 2-50）。

图2-47 面的严肃、秩序感（一）（上）

图2-48 面的严肃、秩序感（二）（左下）

图2-49 面的严肃、秩序感（三）（右下）

第2章 建筑形态的基本形式要素　31

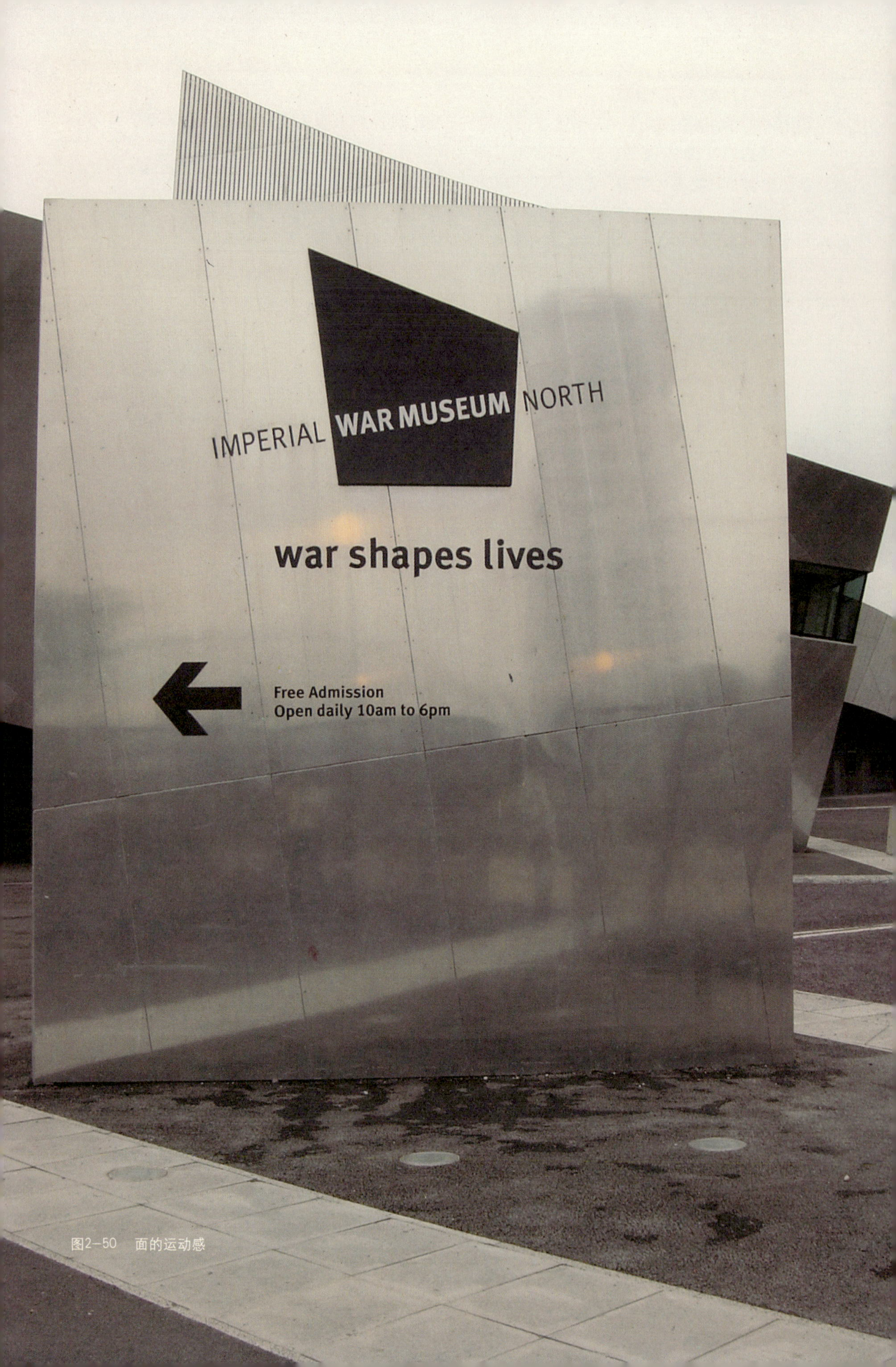

图2-50　面的运动感

正三角形体平稳安定，倒三角形体极不安定，呈现动态的扩张和幻想状态。

4. 面的自由洒脱感

面的自由洒脱感主要体现在不规则面的表现上。不规则面的基本形式是指一些毫无规律的自由形，包括任意形、偶然形和有机形。

任意形潇洒、随意，体现的是洒脱、自如的情感。偶然形具有不定性和偶然性，但往往赋予自然的魅力和人情味。有机形形状变化多样，形状处理得好，具有很大的魅力，富有艺术趣味，显得潇洒自由，轻快活泼。偶然形往往会产生奇异的形象，给人以惊喜的感觉。

课题训练

■ 空间面的构成

课题要求：在对面的概念、分类以及不同面的表情有了一定的认识的基础上，充分利用不同的工具、不同的表现手法去进行以不同的空间面为基础元素的形态组合的练习。

数量要求：1件

建议课时：4课时

课题步骤：对相同的面、不同的面进行有规则的、不规则的、不同表现效果、不同组合形式的尝试。

课题提示：面的空间构成训练，不仅与表现手法有关，还涉及到面的组合问题，要充分利用构成的骨骼相关知识。同时在对点与线已有训练的基础上，不仅仅做形式上的组合，还要尝试着如何在简单的组合中使形态具有意义。

■ 空间面的发现

课题要求：尝试在建筑形态中寻找面的元素。

数量要求：4～6张

建议课时：4课时

课题步骤：对建筑形态进行仔细观察、分析，用照片影像或速写方式记录。

课题提示：对描绘的建筑形态的面形式规律进行文字分析，可以充分利用网络资源。

2.5 形态的基础要素——体

2.5.1 体的特征

相对块状，封闭的形体有重量感，稳定、浑厚感。力度感强的形体，犹如人的肌肉。它最具立体感、空间感、量感的实体，具有长、宽、高三维实体特征，与前两种形态相比，更具有重量感，更为厚重、结实，更为踏实可信，也更有力度（图2-51～图2-52）。

2.5.2 体的分类

1. 单体

我们把圆柱、圆锥、立方体、方柱体、方锥体等几种基本形叫单体。

2. 组合体：

两个以上单体，组合在一起形成组合体（图2-53）。

图2-51 建筑中的体形态（左上）

图2-52 建筑中的体形态（右上）

图2-53 组合体构成（下）

3. 直面体
界直的平面、直线为主所构成的形体，造型单纯有力，棱角挺拔。
4. 曲面体
几何曲面体、自由曲面体。
5. 有机体
有机体是物体由于受到自然力的作用和物体内部抵抗力的抗衡而形成的。

2.5.3 体的构成方式

1. 块体切割构成

块体切割是指对整块形体进行多种形式的分割，从而产生各种形态。

切割的基本手法是切、挖，其实质是"减"。

切割练习常用材料一般是勃土、橡皮泥或海绵。切断后在立体的切口处会产生新的面，断面的形状随切断的位置角度而变化。

当我们面对一个立方体的形态（圆球体、柱体、锥体或其他自由形体），利用切割进行分析时，可以有以下几种形式：

1) 规则几何式分割

规则几何式分割的特点主要表现在分割形式上强调数理秩序。其切割方式包括：水平切割、垂直切割、倾斜切割、曲面切割、曲直综合切割及等分切割（将一个立体分割成若干相等的小立体，按等分比例切除）和等比切割（从一个立体上割下一个小立体，并使这个立体与原立体之间有某种比例关系）。

切割过程中要充分考虑到以下几点：

(1) 切割部分和数量不宜过多，否则会显得支离破碎。

(2) 切割后的形体比例要匀称，保持总体的均衡与稳定；切割后的形体要考虑方向、大小、转折面的变化等；切割后形体表面所产生的交线要舒展流畅和富于变化，形成既有统一又有变化的形态效果。

2) 自由式切割

自由式切割是完全凭感觉去切割，使原本单调的整块形体发生变化，并产生生命力的一种形式。

例如，正方体稳定、单纯，但由于在方向上没有特别的体面，易造成四平八稳的静止状态，为了打破这种静止状态，就要在单纯的形体上去创造一种动态。这种动态，是一种个性强烈，充满情感的造型。

在构成这种动态时我们要注意以下几点：

(1) 不能仅用线形去注意轮廓，要从厚度上把握形体的体积。

(2) 不能过分强调变化而使形态复杂，要省略细小部分，强调最有特征的部分，使形态尽可能单纯。

(3) 注意视觉上的张力感、运动感。

2. 块体积聚构成

块体积聚构成也叫添加构成。它主要包括单位形体相同的重复组合和单位形体不同的变化组合。

积聚首先要有用于积聚的立体单位，还要有供积聚的场所。积聚是充分运用一定的均衡与稳定、统一与变化等美学原理去创造具有一定空间感、质感、量感、运动感的造型形态。

块材的积聚要注意形体之间的贯穿连接，结构要紧凑、整体而富于变化，要注意发挥各种构成因素的潜在机能，组成既有运动韵味，空间变化丰富，又协调统一的立体形态。

1) 重复形、近似形的积聚

积聚中可采用相同单位形体和相似单位形体组合，即组成空间形态的单位形体都是相同的或近似的，并通过不同的连接方式，不同的位置变化构成不同的空间感觉（图2-54）。

这种构成组织的骨骼可以是线形、放射形、中心形、中轴形等。若在整体重复中加入局部的变化可以得到很丰富的造型效果。

以简单几何立体为单位形体，通过面接触方式和位置的变化，容易形成了一种具有无限空间感的造型形态。

相似形体（几何直面体、几何曲面体、有机体等）为单位形体，通过累积方式就会形成了一种具有节奏感和动感的空间造型形态。

2) 对比形的积聚

对比形的积聚是指组成空间形态的单位形态是不同的。它可以是在形体切割的基础上进行重新组合而构成新的空间形态；也可以是相近的单位形体的组合。

图2-54 积聚构成

36　建筑形态与构成

这种方法很自由，以视觉平衡为判断标准。主要强调对比因素，对比因素有形状、大小、多少、动静、方向、疏密、粗细、轻重等。因此，应注意整体的协调性和统一性。

对比形的积聚还包括差异材质、差异色彩及差异形状（如线形、面形、体形等）的综合对比构成。

3. 体的组合

组合与积聚的区别在于，积聚强调单纯形体的单纯反复，而组合强调构成要素之间的组合，研究各要素相互间的互相形态、方向、位置和大小等关系，将分散个体（即单元体）组织成新的整体（即组合体）。

组合又分为单体组合和群体组合。单体组合更重视利用相同或相异的单元体组合形成的立体形态本身，而群体组合更强调形体和空间的有机结合，追求构成一个完整的空间整体系统。单体组合需要考虑如下要素：

1）选择与确立单元体。
2）考虑组合体的形态、大小、动态及方向等。
3）确定空间的主次、虚实及疏密等。
4）确定空间体量。
5）确定视觉中心，体现造型的完整性。
6）意念的表现与气氛的创造。

2.5.4 体的视觉情感

几何多面体：主要体现在表现块的简练庄重感，例如，正三角锥体、正立方体、长方体和其他多面立体。它们具有简练、大方、庄重、安稳、严肃、沉着的特点。

正方体、长方体：具有厚实的形态与清晰的棱角和稳重、朴实、正直、原则分明的特点。（图 2-55）

锥形物体：锐利的尖角显示出与众不同的特征：有力度、进攻性、危险感，常用于突破常规的表现（图 2-56）。

几何曲面块体：几何曲面体是由几何曲面所构成的回转体。如圆球、圆弧、圆柱等。它们的特征为：表面为几何曲面，秩序感强，能表达理智、明快、优雅和严肃又端庄的感觉。

球体：形体饱满而完整。

圆形球体象征美满、新生、内力强大、传统（图 2-57）。

椭圆形球体：容易让人联想到科技未来、宇宙、生命的孕育等多重含义；倾斜放置的球体给人以滚动的感觉。

自由曲面体：由自由曲面构成的立体造型，如柱体等。自由曲面体中大多数造型是对称形态。规则的对称形态加上变化丰富的曲线，能表达既凝重、端庄、优雅活泼的感觉（图 2-58）。

自由块体：主要体现块的柔和流畅感。最具代表性的是有机体。有机体

图2-55　建筑方体形态　　　　　　　　　　　　图2-56　建筑锥体形态

图2-57　建筑几何曲面体形态

图2-58 建筑自由曲面体形态

是物体由于受到自然力的作用和物体内部抵抗力的抗衡而形成的。它具有流动性强、层次丰富、饱满、柔和、平滑、流畅、单纯、圆润的等特征。它们表现为朴实而自然的形态。自然界中最美的有机体为人体,其自然流畅的曲线和柔和平滑的曲面,最富于弹性而充满活力。在设计中,经常使用有机形体表现优美的造型。

课题训练

■ 体的构成

课题要求:在对体的概念、分类、不同面的表情有了一定认识的基础上,充分利用不同的工具、不同的表现手法去进行以不同的体为基础元素的图形组合练习。

数量要求:1件

建议课时:4课时

课题步骤:对相同的体、不同的体进行有规则的、不规则的、不同表现效果、不同组合形式的尝试。

第2章 建筑形态的基本形式要素 39

课题提示：体的构成训练，不仅与表现手法有关，还涉及到体的组合问题，要充分利用构成的骨骼相关知识。同时在对点与线、面已有训练的基础上，不仅仅做形式上的组合，还要尝试着如何在简单的组合中使形态具有意义。

■ 体的发现

课题要求：尝试在建筑形态中寻找体的元素。

数量要求：4～6张

建议课时：4课时

课题步骤：对建筑形态进行仔细观察、分析，用照片影像或速写方式记录。

课题提示：对描绘的建筑形态的体形式规律进行文字分析，可以充分利用网络资源。

建筑形态与构成

第3章　建筑形态的色彩要素

3.1 色彩的基本原理

3.1.1 色彩的自然法则

1676 年，艾萨克·牛顿用三棱镜分理出了太阳光的色彩光谱，证明了色彩的客观存在。牛顿发现的光谱是这样一个连续色带：红、橙、黄、绿、青、蓝、紫。而物理学家大卫·鲁伯特却发现染料只有三种最基本的颜色，即我们通常说的三原色：红、黄、蓝。这个发现被法国染料学家弗通的实验所证实。

1802 年，根据牛顿的理论，英国物理学家汤麦斯·杨经过一系列的研究，得出一个很肯定地结论：光谱中的三原色是红、绿、紫，而不是颜料中的三原色红、黄、蓝。不管是光谱中的三原色或是颜料中的三原色，它们都有一个最基本的自然限制：这三种颜色中任何一种都不能由另外一种调和而成。

按照色光和颜料的混合规律，人们进一步知道，色光混合色彩如果变亮，则称为加色混合；颜料混合色彩如果变暗，则称为减色混合（图 3-1 ～图 3-3）。

图3-1 加法混合（左）
图3-2 减法混合（右）

图3-3 光谱示意图

从理论上讲，除了三原色本身，颜料中的所有颜色都由这三种基本颜色调配而成。但事实上，真正要用这三种颜色来调配所有的色彩还必须加上黑色和白色。

许多色彩学家对色彩的规律进行深入研究后，将色彩的序列排列起来。牛顿把阳光分解后排列呈红、橙、黄、绿、青、蓝、紫首尾相连的一个色环，成为牛顿色环。除此之外，还有色立体、伊顿色相环、车氏色相环等。色立体是用三维空间来表示色相、纯度、明度的概念。奥斯特华德色立体是德国化学家奥斯特华德建立的。孟塞尔色立体是美国色彩学家孟塞尔创立的颜色图谱。色立体的作用相当于一本色彩字典，为我们提供了全部色彩的体系。在设计色彩中色立体作为一种配色工具是很有意义的（图 3-4）。

伊顿色相环表现了颜色的对比关系，也就是伊顿所称的补色关系。伊顿自己这样表述：两种这样的颜色组合成奇异的一对。它们既相互对立又互相需要，当它们靠近时能相互促成最大的鲜明性；但它们调和时就会像水和火那样互相消灭，变成一种黑灰色（图3-5）。

3.1.2 色彩的分类

色彩可分为原色、间色、复色和补色（图3-6）。

1. 原色

无法用其他颜色调配出来的三原色。三原色中的红是曙红，黄是淡黄，蓝是湖蓝。

2. 间色

两种原色相混合后产生的色彩称为间色，又称二次色。根据原色加入的比例不同就可以产生多种间色，如黄加红，红多则呈桔红，黄多就呈桔黄；如黄加蓝，黄多则呈草绿，蓝多就呈深绿；如红加蓝，红多则呈紫罗兰，蓝多就呈青莲色。

3. 复色

三种或三种以上的颜色相混合所产生的色彩称为复色。复色比间色的色彩纯度明显下降，产生大量的灰黄、灰红、灰绿、灰蓝和灰紫等。

4. 补色

在色相环中直线距离最近的一对色彩是补色。如红与绿、黄与紫、橙与蓝。两种补色相调配为黑灰色。

3.1.3 色彩的三要素

1. 色相

色相即色彩的"相貌"，是色彩之间相互区分的特征，我们借助色名来区别色相。色相的实质为：视觉对于不同波长的可见光的特征感受。在可见光谱上，人的视觉能感受到红、橙、黄、绿、蓝、紫这些不同的颜色，人们给这些可以相互区别的色定出的名字，当我们称呼到其中某一名称时，就会有一个特定的色彩印象，这就是色相的概念。正是由于色彩具有这种具体相貌的特征，我们才能感受到一个五彩缤纷的世界。

白光是分色光成分最丰富的光源。所以在白光条

图3-4 孟塞尔色立体

图3-5 伊顿色相环

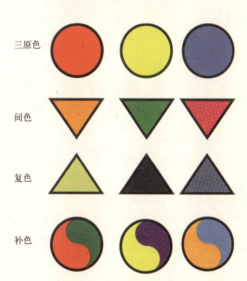

图3-6 三原色、间色、复色、补色

件下，各种物质所能显示的色相特征最为丰富。而在单一分色光的条件下，则会使不同物体的色相特征趋于单调。

物体在反射或透射光谱中各种波长的分色光时，对分色光的选择性越窄，其色相成分就越单纯、明确。物体对分色光的选择性越窄，其色相成分就越丰富，色相知觉就越含蓄。

2. 明度

色彩的明暗程度，在无色彩系中，明度最高的色为白色，明度最低的色为黑色，中间存在一个从亮到暗的灰色系列。

在有彩色系中，任何一种纯度色都有自己的明度特征。明度在三要素中具有较强的独立性，它可以不带任何色相特征而通过黑白灰的关系单独呈现出来。色相与纯度则必须依赖一定的明暗才能显现，色彩一旦产生，明暗关系就会同时出现。我们可以把这种抽象出来的明暗关系看做色彩的骨骼，它是色彩结构的关键。

同一物体在强光下明度可提高，在弱光下明度则降低。不同物体，在同一光源照射下，反射光能力强的物体明度高，反射光能力弱的物体明度低。在相同光源条件下，触觉肌理光滑的物体比触觉肌理粗糙的物体明度要高。

1) 明度基调

构成一个色彩组合的各种色相组合可以以某一种色相的明度形成高、中或低调，然而又由于其中与之相对比的另外一些色相的明度又有不同，如果主调为高调，而其中另外一些色相明度与这个色相或色相之间在明度上差别很大，因其在明度标尺上距离较长，故又称之为常调；如果一些色相与形成画面明度主调的色相明度差别小，其在明度标尺上距离较短，故又称之为短调。

2) 明度基调的心理效应

高长调：给人以明快、开朗且坚定的感觉，但由于明暗反差较大，故处理不好容易单调、贫乏。

高短调：明亮且柔和，使人产生亲切感，如透过薄纱窗帘的阳光，轻柔明媚而朦胧，富有诗意。

中长调：明度适中，对比又强，稳静而坚实，不刺目又具有注目性，很富阳刚之气，极易产生理想效果。

中短调：柔和、朦胧且很沉稳，像梦境而不失根基，有力度而不失柔和。

低长调：在大面积深沉的色调中有极亮的色彩，具有极强的视觉冲击力。

3. 纯度

指色相成分的单纯程度。光色中的红、橙、黄、绿、蓝、紫都是高纯度的。一个色彩只要不加入其他色彩，就是高纯度，只要加入了其他色彩且加得越多，纯度就越低，黑、白、灰无色彩，其纯度等于零。

纯度体现了色彩内向的品格，同一个色相，纯度发生了即使是细微的变化，也会立即发生色彩性格的变化。

3.1.4 影响色彩关系的要素

影响色彩关系的要素有以下几种：（图3-7）。

固有色

光源色

环境色

图3-7 影响色彩关系的要素

1. 光源色

不同的光源发出的强弱不同的光色。光源自身是有色彩的，如日光、灯光、荧光灯。不同的色彩特别是强光源，可以同化或改变物像的色彩。

2. 固有色

物体自身固有的色彩。如白雪、绿叶、黄铜等。

3. 环境色

也称条件色，即环境的色彩反射在物体上形成的色彩效果。

4. 空间色

空间色是因物体距离的远近不同而产生的色彩透视现象。

3.1.5 色彩的属性

色彩的不同属性有以下几种（图3-8～图3-11）：

图3-8 暖色系、冷色系

图3-9 同类色（左）

图3-10 补色对比（中）

图3-11 协调色（右）

第3章 建筑形态的色彩要素　45

1. 暖色系

指的是包括黄、红、褐、褚的所有色彩。它们给人以温暖、欢快、热烈的感觉。

2. 冷色系

指的是包括绿色、蓝色、紫色的所有色彩，它给人以清冷、宁静、凉爽的感觉。冷色和暖色并非是绝对的，一些冷色在它所属的冷色系中通过对比，具有的偏冷倾向，暖色亦然。

3. 补色

一种特定的色彩只有一种补色。

4. 同类色

相同类别的色彩称为同类色。如柠檬黄、淡黄、中黄、土黄，就属于同类色。

5. 近似色

同类别色彩或相近的不同类别色彩称为近似色，如桔黄与桔红、朱红与大红就是近似色，而桔红与朱红、中黄与桔黄也是近似色。

不同类别但明度相近的冷暖色彩也称为近似色，如淡绿与湖蓝、群青与紫、曙红与紫罗兰等等。

6. 协调色

指的是所使用的色彩在形式、内容、表现、手段上，都是处于相互帮衬、相互制约、协同一致的搭配关系，如原色与间色、间色与复合色、复合色与灰色的协调等。

课题训练

■ 24色色相环制作

课题要求：在对色彩的基础原理充分了解的基础上，制作24色色相环。

数量要求：1张（12cm×12cm）

建议课时：4课时

课题步骤：制作网格后进行调色填充，也可直接在计算机上完成后打印。

课题提示：制作过程中就是思考的过程，重点理解关于色彩的基础理论。

3.2 色彩的对比

同一种颜色在不同的背景上会给人不同的颜色感觉，这种现象称为对比。建筑和色彩的对比是通过色彩的对照效果提供环境的变化，可以分为明度对比、色相对比、纯度对比和面积对比等。

3.2.1 明度对比

每一种色彩都有自己的明度特征，当它们放在一起时，明显地感觉到它们之间明暗的差异，这就是明度对比。明度对比

图3-12　明度对比

是指利用明色与暗色的明度差引起的对比（图3-12）。

3.2.2 色相对比

不同的色彩并置，在比较中呈现色相的差异，称为色相对比。色相对比是指色相并置造成视觉的变化与刺激的方法。由于色相对比的效果强烈、生气勃勃、热闹，常适合表现明亮、丰富、快乐的意境，但也稍带有原始性模仿的意味，故而易生低俗、杂乱的弊病（图3-13）。

图3-13 色相对比的定义

1. 原色对比

红、黄、蓝三原色的对比。

2. 间色对比

橙色、绿色、紫色为原色相混所得的间色，其色相略显柔和。

3. 补色对比

红与绿、黄与紫等在色相环互为直径两端的色彩对比，此对比强烈，但使用不当会产生较差的视觉效果。

4. 近似色对比

在色相环上顺序相邻的基础色相，如红与橙、桔黄与桔红这样的色彩并置关系，称为近似色对比。

5. 同类色对比

柠檬黄与淡黄、中黄与土黄这样的色彩并置，称为同类色对比。

6. 冷暖色对比

从色相环上看，明显有寒冷印象的色彩是蓝绿至蓝紫的色，其中蓝色为最冷色；明显有暖和感的色是红紫至黄的色，其中红橙色为最暖色。冷色与暖色能产生空间效果，暖色有前进感和扩张感，冷色有收缩感和后退感。

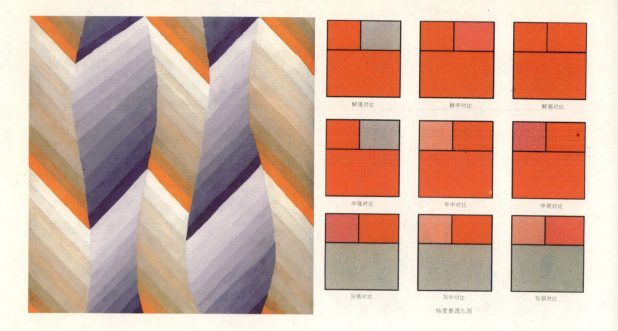

图3-14 纯度对比（左）
图3-15 纯度对比基调（右）

3.2.3 纯度对比

纯度对比是利用色彩的鲜浊程度对照而形成的变化，鲜与浊是指色彩中黑、白、灰含量的多少（图3-14～图3-15）。

3.2.4 同时对比与连续对比

同时对比与连续对比都是由于视觉生理条件的作用在视觉中发生的色彩现象，都属于色彩的视觉。

1. 同时对比

当两种色彩同时并置在一起时，双方都会把对方推向自己的补色，明的更明、暗的更暗。

2. 连续对比

连续对比指的是在不同时间下颜色的对比效果，或者说在时间运动的过程中，不同颜色刺激时间的对比。掌握连续对比的规律，可以使设计师利用它来加强视觉的印象或减轻视觉疲劳。

3.2.5 色彩面积、形状、位置对比

1. 色彩面积对比

就色彩对比的整体效果而言，面积比例的悬殊会削弱色彩的冲突效果。但从色彩的同时性作用考虑，面积对比越悬殊，小面积的色承受的同时性作用越强（图3-16）。

小面积上使用低纯度色彩时，显得暗淡；使用高纯度色彩时，显得鲜明。因此一般规律是在大面积上使用低纯度色彩，小面积上使用高纯度色彩。但是也有例外，如在大面积的地面上铺高纯度的红色地毯。

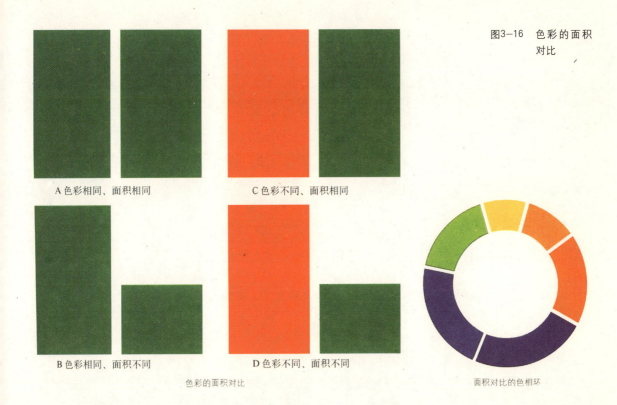

图3-16 色彩的面积对比

2. 面积对比与色彩平衡

当两种以上的颜色处于同一色彩构图时，相互之间存在面积比例，即色量平衡的问题。严格地说，由三个因素决定一个色彩的力量，即它的纯度、明度和面积，明度高、纯度高、面积大的色彩力量强。

当两种对立的纯色并置在一起的时候，要想使双方具有平衡的色量，则应使它们的纯度、明度和面积比例恰当，这种色量的平衡是由人的视觉生理需求而决定的。

3. 色彩形状对比

形状和色彩是同时出现的，不同的形使色彩对比强烈或柔和、紧张或放松。

4. 色彩位置的对比

两种不同的颜色，由于它们之间远近不同，对比效果也不同。

3.2.6 色彩的同化

两种色彩并置时，一种色彩总是倾向于另一种色彩，且会产生一种相互吸引的作用，并形成一种游离于两者之间的色调。如果一种色彩的面积占主导地位，它就会把较近的色拉向自身的色调。

由色彩对比等效果使两种色彩相互影响或受影响时发生效果的色彩称为诱导色。在建筑色彩设计和施工中，多种色彩出现纷杂时，常选用一种色彩为诱导色进行同化，取得统一，以抵消色彩的过分对比。

课题训练

■ 建筑设计的色彩对比应用

课题要求：在对已有的建筑形态运用色彩对比知识进行色彩再造。

数量要求：1张（12cm×12cm）

建议课时：4课时

课题步骤：选择具有形式感的建筑形态，在计算机上运用图像处理软件进行色彩的对比设计后进行打印。

课题提示：运用色彩对比知识进行建筑配色练习，进行多方案的尝试。

3.3 色彩的调和

所谓色彩调和，是指对一些有差别、对比的色彩，为了构成和谐统一的整体而进行的调整与统一与组合的过程。

这里有四层含义：

第一，使对比的色彩成为不带尖锐刺激的协调统一的组合。

第二，色彩配置的总效果要与视觉心理反应相适应，不仅要求色相、明度、纯度成为融合稳定的调子，而且要求色彩关系对比能满足视觉心理的平衡。也就是说，要求对比与调和应恰当适合。

第三，色调不单是色与色的组合问题，还与色的面积、形状、肌理有关，所以离开这些因素，也不能取得配色整体的和谐统一。

第四，色彩的调和还与时代风尚、人的欣赏习惯有关，过去曾认为是不调和的配色，现在却处在调和之列了，艺术史上这样的例子比比皆是。

色彩协调、环境和谐，是人类生活的要求和企盼，违背色彩协调理论在视觉艺术中总是不和谐的。无论建筑设计或环境艺术都应遵循色彩协调的理论。如果对配色技法能很好地掌握，就有助于保证建筑色彩使用的质量。

色彩调和的基本原理大体可以分为类似调和、对比调和两个方面。

3.3.1 类似调和与对比调和

类似调和强调色彩要素的一致性关系，追求色彩关系的统一感。对比调和是以强调变化而成的和谐色彩，在对比调和中，明度、色相、纯度三种要素可能都处于对比状态，因此色彩更具有活泼、生动、鲜明的效果（图3-17～图3-18）。

3.3.2 色彩视觉生理与心理的和谐

视觉经验证明，人眼需要中性的灰。通过同时对比与视觉残留的现象，可以证明眼睛具有特殊的功能，使颜色的刺激在视觉中得到调整，尽量趋向平衡状态。

图3-17 补色调和(一)　　　　　　图3-18 补色调和(二)

课题训练

■ 建筑设计的色彩调和应用

课题要求：在对已有的建筑形态运用色彩调和知识进行色彩再造。

数量要求：1张（12cm×12cm）

建议课时：4课时

课题步骤：选择具有形式感的建筑形态，在计算机上运用图像处理软件进行色彩的调和设计后进行打印。

课题提示：运用色彩调和知识进行建筑配色练习，进行多方案的尝试。

3.4 色彩的心理

色彩的感觉来自直接的反应，即色彩信号本身可以直接引起这种感觉，无须借助客体和联想的过程，色彩能有力地表达情感。而远近感、冷暖感、轻重感、膨胀感在建筑造型设计中最具有普遍的现实意义。

色彩对人的影响，在机能方面的反映体现为：人们对不同的色彩和色彩之间的关系，会产生不同的冷暖、硬柔、强弱、轻重等心理感觉，这些对色彩的感觉，会直接影响到人们的生活。艺术的目的，就是通过情感的传递引起情感的共鸣、心灵的净化，所以使用色彩能表达一定的感情和意义。

3.4.1 色彩的物质性心理错觉

冷色与暖色除去给我们以温度上的不同感觉外，还会带来其他的一些感受，例如重量感、湿度感等。例如暖色偏重，冷色偏轻；暖色有密度强的感觉，冷色有稀薄的感觉；两者相比较，冷色的透明感更强，暖色则透明感较弱；冷色显得湿润，暖色显得干燥；冷色有退远感觉，暖色有迫近感。这些感觉都是偏向于物理方面的印象，但却不是物理的真实，而是受我们心理作用而产生的主观印象，它属于一种心理错觉（图3-19～图3-20）。

图3-19 暖色心理感觉（左）
图3-20 冷色心理感觉（右）

除去冷暖色系具有明显的心理区别外，色彩的明度与纯度也会引起对色彩物理印象的错觉。一般来说，颜色的质量感主要取决于色彩的明度，暗色给人以重量感，明色给人以轻巧感。纯度与明度的变化，还可以给人以色彩的软硬感觉，如淡的色彩给人以柔软感，暗的纯色给人以强硬感。色彩还与人的味觉与嗅觉有一定的关系，在饮食业和餐厅设计时应注意色彩与人的行为关系。不同的色彩对房间的声音似乎也有差异，白色的房间声音显得比紫色的房间大。

色彩的色相有多种，且明度差或纯度差较大时，容易引起人们的疲劳感，特别是高纯度和暖色系统更容易产生疲劳感。在室内设计选用时，应注意这一点，但是经由特别设计也能产生较好的效果。

3.4.2 色彩的社会心理与民族心理

色彩由于具有丰富的情感作用，并来自四面八方使人处于其包围之中，因此运用色彩创造环境的特定意境，形成某种气氛和情趣有时比空间和形本身的作用还更为明显（图3-21～图3-22）。

色彩对人的心理所引起的联想，由于人们年龄、职业、性格、爱好和所处的环境与经历的不同是有差异的。它的作用在不同的历史时期、不同民族、不同信仰和地区也有很大的差异。

色彩对人的心理影响体现为情绪和机能两个方面，人们对某些色彩的喜爱、厌恶和对不同色彩的印象，常常能影响人的情绪，并能导致人在行为上的不同反应。

群众的色彩审美心理具有某个时期的趋同性，这是社会从众心理的影响，

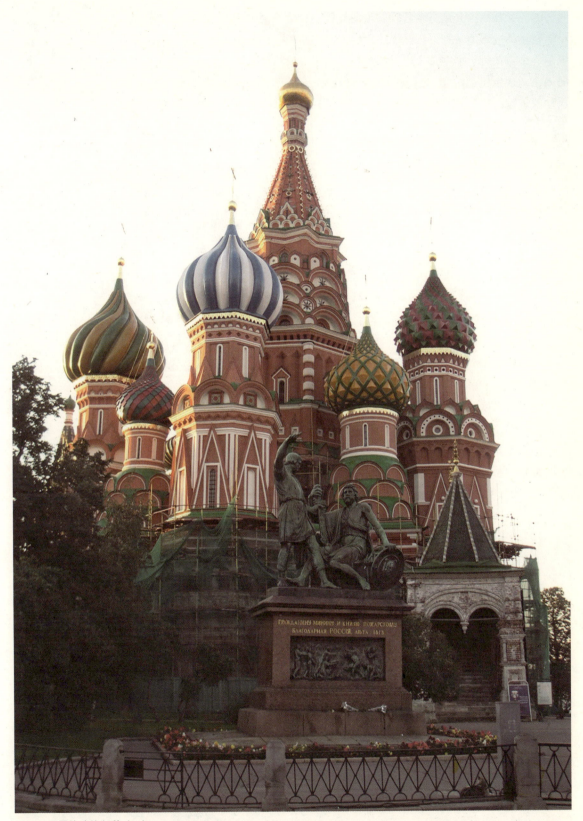

图3-21 民族建筑色彩（一）

它与时代、社会、文化、地区以及生活方式、生活习俗等有着密切的关联。由于高密度的城市生活和大气环境的污染，人们对天空色、海洋色、田野色、草地色等大自然色更加垂青，浅蓝、湖绿、米黄等自然色调的流行就反映人们身居闹市对大自然的怀念和色调的精神调节，以及一种怀旧和复古思潮的影响。居住建筑室内的明朗淡雅、公共建筑大厅用古铜色浑厚的纹案装饰等也是自然与怀古的审美情趣的反映。

3.4.3　色彩与环境

色彩是人对周围环境知觉的一部分，也是人体知觉系统的有机组成部分，它能使人在空间中分清物体、提供信号、传递周围信息并影响人们的舒适与健康。

环境中的色彩起着多方面的作用，它使环境更富于人情味而克服机械的冷漠感。色彩在环境中是一种语言，它可作为一种信号对不同地点、场所的特征给予描述，在复杂的空间中有助于向人们提供明确的结构，减少人对环境理解的困难。譬如，许多大型复合空间结构，如居住区等利用色彩划分进行分区等。

建筑物室内与室外的色彩有着不同的环境特点。环境开阔的大自然色彩丰富，强烈的阳光在照射在建筑物上，建筑物的形体在光影作用下呈现不同的视觉效果，它的外部体积的知觉量得到最充分的表现。环境对比或融合的色彩处理是环境设计中的两种最基本方法，它们经常在交替中不断被人们利用（图3-23）。

室内是人长时间活动的场所，随着建筑物不断向高层发展，建筑对人的视觉作用将进一步移入室内，室内的作用将日愈增加。室内色彩更应加强和促进房间的功能与人的生活融为一体，突出人的活动（图3-24）。

图3-22　民族建筑色彩（二）

图3-23　建筑环境色彩

图3-24　建筑室内色彩

第3章　建筑形态的色彩要素　55

课题训练

■ 教育机构建筑色彩设计

课题要求：在对教育机构建筑形态运用色彩心理知识进行色彩再造。

数量要求：1张（12cm×12cm）

建议课时：4课时

课题步骤：选择具有形式感的教育机构建筑形态，在计算机上运用图像处理软件进行色彩设计后进行打印。

课题提示：运用色彩心理知识进行建筑配色练习，进行多方案的尝试，要注意不同层次的教育机构的文化诉求。

3.5 建筑形态的色彩造型

3.5.1 色彩在建筑形态中的作用

色彩帮助我们更有效地感知周围的世界，认识和研究这方面的问题，在造型设计领域具有十分重要的意义。

色彩造型指运用色彩造型形象使之实现对审美理想的追求。色彩造型在建筑设计、生活用品及工业产品等设计中应用极为普遍。建筑的色彩造型是创造建筑整体形象的重要方面之一。在建筑固有材料组合关系中存在着运用色彩造型的客观必然性，发挥建筑材料本身的色彩特性是建筑色彩造型的目的和必然性之一。建筑采用色彩造型经济简便，具有很现实的意义，对于大量的中小型建筑尤为适用。

色彩可以在形体表面上附加大量的信息，使建筑造型的表达具有广泛的可能性和灵活性。

1. 表现气氛

色彩表现气氛是建立在色彩表情的基础上的，色彩传达感情最为直接。色彩表现气氛与基调色有很大关系，基调色反应色彩表达的基本倾向，它相当于音乐的主旋律。基调色的选择可以是单色的，突出表现某种色彩的表现力，也可以用不同色彩的对比和配合，以表现在各种色彩衬托下多姿多彩的效果。一般规律为：暖色调表达温暖、热烈，冷色调表达凉爽、宁静，高明度表达明朗、轻快，低明度表达稳重、坚实等等（图3—25～图3—26）。

色彩在各种存在条件下的对比关系，如色相对比、明度对比以及纯度对比等都对色彩表现气氛形成不可忽视的影响。色彩对比时，差别越大，色彩越显得艳丽夺目；补色对比时，纯度有相互增强的倾向，可以使色彩生动鲜明；色相接近的色彩并置时则显示含蓄、柔和的气氛。

纯度对比使色彩鲜明、纯正，建筑中长用灰色或白色与某种单纯色彩对比的形式而取得鲜明、清晰的效果。

图3-25 建筑色彩气氛的表达（一）

图3-26 建筑色彩气氛的表达（二）

明度的强对比具有强烈的黑白反差效果；明度的弱对比由于明暗反差小，会使形象模糊不清；适中的明暗对比可以取得明确、肯定的效果，使建筑面目清晰、爽朗。

建筑色彩表现气氛与环境色有关。建筑与背景呈色彩对比时，可以使建筑形象色彩鲜明；建筑与背景色调适度的差异使两者既能融为一体又可以相映成趣。譬如，传统民居的白墙映衬着蓝天、绿地，构成了江南民居的主色调，同时深灰色的屋顶和门窗洞口与墙面的明暗对比使建筑黑白分明、清爽秀丽。

2．装饰美化

用色彩作为装饰美化建筑的手段，无论是东方还是西方，都是从古就有的，色彩为建筑增添了难以言表的生机和活力。今天，建筑师可以像化妆美容一样为建筑增加色彩，创造更丰富的色彩形象。需要指出的是，色彩对建筑的美化不是无条件的，色彩使用不当，效果会适得其反（图3-27～图3-29）。

图3-27 建筑色彩的美化（一）（上）
图3-28 建筑色彩的美化（二）（左下）
图3-29 建筑色彩的美化（三）（右下）

3. 区分识别

色彩具有区分作用,如区分功能区、区分部位、区分材料、区分结构等。在建筑设计中,对建筑加以适当的区分可以给人以形体清晰的印象。例如,为使居住区外部环境富于变化,将住宅按照分组变色的方式处理,能够避免千篇一律的单调感,增加其识别性(图3-30、图3-31)。

图3-30 建筑色彩的区分识别(一)　　　　图3-31 建筑色彩的区分识别(二)

4. 重点强调

色彩具有强调作用,对特别的部位施加与其余部位不同的色彩,可以使该部位由背景转化为图形从而得到有力的强调。将色彩重点用在建筑的上部、中心、边缘等视线经常停留的部位,像屋顶、檐部、入口附近等,可以收到较好的效果(图3-32~图3-33)。

重点色可以令看起来单调的形象增加活力。采用各种色彩对比是重点强调的方法,如纯度对比、明度对比、色相对比等,其中色彩面积对比是建筑中应用最普遍的方法。

在建筑设计中重点色一般是小面积的,立面上的小型构件、图案或小块色彩与大面积墙面的任何色彩差异都可以使其从墙面的背景中分离出来,得到突出的表现。在城市景观设计中,一般是将建筑划分为若干部门或地区,在较大的范围内决定色彩重点强调的对象。

5. 色彩对建筑形象的调节与再造

色彩具有从多方面调节建筑造型效果的功能。

1)形状的调节与再造

由于受到实际应用要求、施工技术水平以及经济条件的限制,建筑的形状往往较简洁,而色彩为建筑提供了形状再造的可能性。用色彩对比的方法可以在平板单调的形体上创造出多姿多彩的形状,使建筑造型丰富起来。

第3章 建筑形态的色彩要素

图3-32 建筑色彩的重点强调(一)

图3-33 建筑色彩的重点强调(二)

  建筑物的形状主要由建筑边缘的轮廓反映出来,建筑的边线包括屋顶轮廓线、竖向转角和地面线,用色彩强调建筑的外轮廓能使建筑的形状得到突出的表现。建筑的内轮廓反映建筑的局部和小型构件的形状,如楼梯、门窗、台阶、雨篷、柱廊等等,也可用色彩来加以强调(图3-34~图3-35)。

  2)色彩的调节与再造

  建筑本身的色彩局限性和弊端需要运用色彩进行调节,色彩调节就是恰

图3-34　建筑色彩的形状调节与再造（一）

图3-35　建筑色彩的形状调节与再造（二）

当地处理色彩关系。如建筑红砖给人以热烈、兴奋、欢快之感，但大面积红砖也有沉闷、火辣等不舒适感。将红砖与白色、浅灰色相配时，就可以扬长避短，充分显示砖红色的魅力。普通水泥砂浆罩面的灰色，可以使鲜艳的色彩更显纯正，纯色与灰色对比所创造的和谐在宁静中更显生动，稳重中有活力（图3-36～图3-37）。

图3-36 建筑色彩的调节与再造（一）

图3-37 建筑色彩的调节与再造（二）

3.5.2 建筑色彩造型的特点

1. 背景和图形的双重性

建筑的图形特征与视点距离、环境和自身的特征有关，进行建筑色彩造型设计时，需要根据多种因素从不同范围进行全面综合的考虑。

2. 建筑内容的规定性

建筑色彩的使用要考虑到建筑的性质和功能特征，如幼儿园建筑可以使用鲜艳、明快的色调，而医院建筑应使用柔和、安宁的色调等。

3. 建筑色彩的面积效果

建筑工程中使用的色彩一般是大面积的，但为了突出某个方面也可以局部使用小面积的色彩以形成对比。

4. 建筑色彩的时空变化性

建筑形态是处于时间和空间中的，建筑的色彩也必然受到时间和空间的影响。建筑色彩的时空变化使单调的色彩产生许许多多的变化，我们从建筑的色彩变化中，不仅得以识别形体空间，而且可以从中感受到自然的生机与活力。因为建筑是立体的，建筑色彩又具有空间效果，在光源的照射下，同样色彩的建筑形体表面，由于受光条件的不同会呈现不同的色彩，建筑的受光面、背光面及阴影面色彩有很大差别，而落影对建筑色彩造型的影响更加有趣味性。

3.5.3 建筑色彩造型的基本原则

建筑色彩造型要依据的原则主要有以下几个方面：

1. 考虑建筑环境

建筑的色彩造型应与环境取得和谐，在确定色彩造型图示时，必须注意环境对建筑的要求及建筑对环境的适应，在进行建筑群体设计时要同时兼顾整体与细部的效果。

2. 依据建筑内容

建筑色彩造型设计必须以建筑内容为基础，这样做出来的设计，才会与建筑本身有机结合起来，相得益彰；建筑中的色彩变化应尽量与形体变化相结合；建筑设计中应根据材料的特点使用色彩，通过适当的对比和衬托使建筑材料本身的色彩和质感的表现里得到充分的展示。

3. 表达审美理想

建筑的质量和艺术效果主要取决于建筑师的审美感觉和处理形式的技巧。在任何建筑的形态构成中，使建筑与环境的相互关联，都包含着无数的视觉美点。在建筑色彩造型设计中，从普通的建筑内容及各种组合关系中吸取具有美感的、最本质的视觉美点，把它们纳入形式的组织之中，使之处于突出的地位，剔除那些妨碍表现主题的成分，在此基础上建立和谐的关系使之相映成趣，这样才能表达建筑师的审美理想，只有在引发了普遍共鸣时才有意义。

3.5.4 建筑色彩造型的方法

1. 建筑色彩造型的基本形式

建筑色彩造型有多种形式，点式、线式、面式是建筑色彩造型中几种最基本的形式。在具体的建筑中，尽管某些单纯的形式是存在的，但是在一般情况下，各种形式之间还是相互补充、相互渗透的。建筑色彩造型是个综合的创作过程，单独采用一种色彩造型形式常常不能满足多方面的表现要求，在实际设计中，往往以一两种造型形式为主。建筑师还可以根据具体的条件和环境结合其他形式做出选择、取舍和变化，不断地创造出新的、具有特色的建筑色彩造型形式。

1) 点式造型

在建筑的实际应用中，色点一般是结合建筑的一些细小部件设计的。对这些相对独立的建筑部件进行色彩处理使其与大面积的墙面形成对比关系，会自然形成点式的色彩造型效果。此外，有些色点是附加于建筑界面上的装饰。色点的分布可以是规则的或是自由的，它们常常施加于关键部位形成重点构图，具有强调作用，也起着活跃气氛的作用（图3-38、图3-39）。

2) 线式造型

建筑中的线主要是直线和规则的几何线，其中尤以直线为多。丰富多彩的线形可以构成丰富多彩、造型优美的立面图案。线具有明显的精致感与轻巧感；线具有方向性，线的方向可以表示一定的气氛；线具有联系性，它很容易

图3-38 建筑色彩的点式造型（一）

图3-39 建筑色彩的点式造型（二）

将不同的部分连成一体。用色彩表现各种线形可以使线的性格得到强调。

线在建筑中最常见的形式有横向式、竖线式、网格式三种（图3-40~图3-42）。

3）面式造型

面式造型是由较大面积色块构成的图式。大面积色彩对比的造型效果鲜明、简洁，在群体环境中，面形有较强的影响力。面式造型也可以主要从美观的角度考虑，采用大面积色块组合的形式。

2. 建筑色彩的造型方法

建筑色彩造型是研究各种色彩之间的关系，配色的技巧主要取决于色彩三要素的感觉和针对具体的环境条件灵活恰当的运用。建筑中色彩和谐与绘画中的色彩和谐在原理上是一样的，同时又有自己的特点。建筑在城市景观环境中常起背景的作用，大面积浓重鲜艳的色彩容易产生刺激的感觉，所以在建筑中使用色彩，除图形色和小块点缀色外，一般应采用较低纯度的清淡色，但是法无定则，在具体的建筑设计中也可大胆的使用色彩，获得突出的效果。

1）屋顶

屋顶的色彩在建筑中具有重要的作用。建筑顶部的轮廓是通过屋顶与天空的色彩对比显示出来的。在设计屋顶的色彩时，除考虑色彩本身的表情外，还应注意到天空的色彩与屋顶与墙面的色彩之间的关系。同时，还应注意屋顶对墙面的衬托作用，使两者相映成趣，有利于建筑立面整体效果的表达（图3-43）。

2）墙面

墙面色的选择应注意与周围环境的色彩衬托的关系。环境是建筑的背景，

图3-40 建筑色彩的线式造型（一）

图3-41 建筑色彩的线式造型(二)

图3-42 建筑色彩的线式造型(三)

图3-43 建筑色彩的屋顶造型

绿树环绕的自然环境与建筑密集的城市环境背景色会有很大的不同。墙面色的选择应考虑建筑的性质。墙面与墙面上的门窗开洞、细部构件等小型色块构成的图底关系在很大程度上反映建筑的面貌。

墙面的配色可以分为明暗型、单色型和彩色型。设计时应充分注意色彩面积和谐的影响，建筑面积的用色一般是明度高、纯度低，色彩品种少会取得较好的效果，在具体的设计中反其道而行之有时也会取得不错的效果（图3-44～图3-46）。

图3-44 建筑色彩的墙面造型（一）

图3-45 建筑色彩的墙面造型（二）

图3-46 建筑色彩的墙面造型（三）

3) 门窗等构件

门窗的色彩包括玻璃的色彩和门窗框色彩两部分。玻璃由于具有反光和透明的特点，颜色是富有变化的。门窗框色彩在建筑中虽然所占面积比例小，但色彩灵活性大，可以根据需要设计多种颜色。门窗框色彩采用暗色可以使窗洞颜色加深，加强墙面与窗洞的明暗对比，使窗洞的外轮廓更加清晰；采用明亮的浅色时，窗框与玻璃之间形成明暗反差，使窗框本身的图形显示出来；窗框对玻璃还起着尺度划分的作用，此时窗洞内轮廓更加清晰。当立面缺乏色彩变化时，可以利用门窗色彩加强色彩对比效果（图3-47、图3-48）。

图3-47 建筑色彩的门窗构件造型(一)(左)
图3-48 建筑色彩的门窗构件造型(二)(右)

课题训练

■ 建筑色彩综合设计

课题要求:对建筑形态运用建筑色彩相关知识进行色彩设计。

数量要求:1张(12cm×12cm)

建议课时:4课时

课题步骤:选择具有形式感的建筑形态,在计算机上运用图像处理软件进行色彩设计后进行打印。

课题提示:运用色彩相关知识进行建筑配色练习,进行多方案的尝试,要注意色彩的不同形态元素的组合。

第4章 建筑形态的构成形式

建筑形态与构成

4.1 基本形与形体的变化

4.1.1 基本形状

形状是指一个面的典型轮廓线或一个体的表面轮廓。它是我们认知、识别以及为特殊轮廓或形式分类的基本手段。若形式与这一形式存在的领域之间存在一条轮廓线，便把一个形体从背景中分离出来。因此，我们对于形状的感知取决于形式与背景之间视觉对比的程度（图4-1）。

在建筑中，我们所涉及的形状有（图4-2）：
- 围合空间的楼面、墙面和顶棚
- 空间围合物上的门窗开洞
- 建筑形式的外轮廓

格式塔心理学指出，为了理解特定的视觉环境，大脑会对其进行简化。至于形式的构图，我们倾向于将视野中的主题进行最大程度的简化，并简化为最基本的形状。一个形状越简单、越规则，它就越容易使人感知和理解。

我们从几何学里知道，最重要的有以下基本形：圆形、三角形和正方形（图4-3、图4-4）。

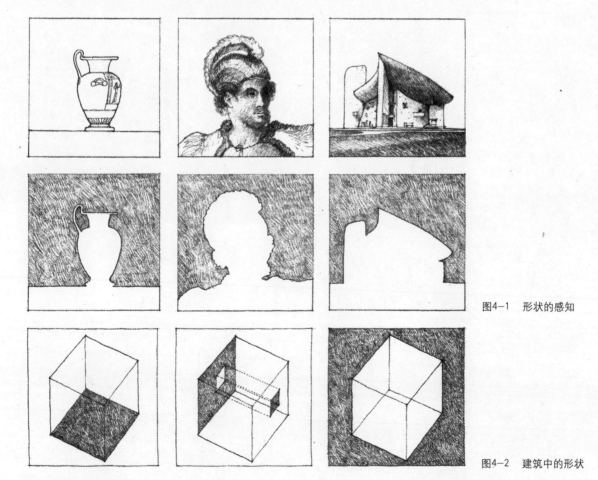

图4-1　形状的感知

图4-2　建筑中的形状

图4-3 基本形状

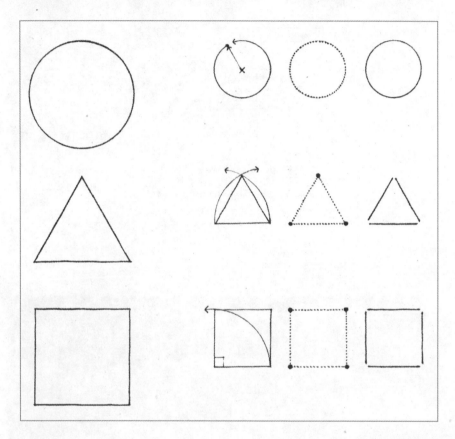

图4-4 基本形状的特性

圆形：一个平面曲线图形每点弯曲，且图形上每一点到固定点的距离都相等。

三角形：由三条边限定的平面图形，有三个角。

正方形：由四条相等的边和四个直角组成的平面图形。

圆形是一个集中性的、内向性的形状，在它所处的环境中，通常是稳定的、以自我为中心的。把一个圆放在场所的中心，将增强其内在的向心性。把圆形与笔直的或成角的形式结合起来，或者沿圆周设置一个要素，就可以在其中引起一种明显的旋转运动感（图4-5～图4-8）。

三角形意味着稳定性。当三角形坐落在它的一条边上时，三角形是一个极其稳定的图形。然而，当三角形以其中一个定点为支撑时，三角形则处于不稳定的平衡状态，或者处于不稳定状态而倾向于往一边倒（图4-9～图4-12）。

正方形代表着纯粹和理性。它是一种静态的、中性的图形，没有主导方向。

第4章 建筑形态的构成形式 73

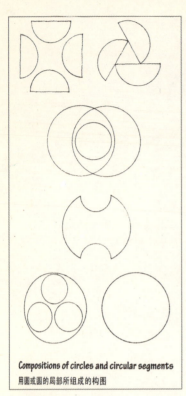

Compositions of circles and circular segments
用圆或圆的局部所组成的构图

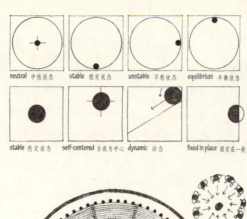

neutral 中性状态　stable 稳定状态　unstable 不稳定状态　equilibrium 平衡状态

stable 稳定状态　self-centered 自我为中心　dynamic 动态　fixed in place 固定在一处

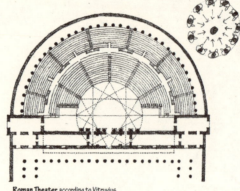

Roman Theater according to Vitruvius
罗马剧场，依据维特鲁威的描绘

图4-5　圆的构图（左上）
图4-6　圆的环境特性（右上）
图4-7　圆在建筑中的表现（一）（右中）
图4-8　圆在建筑中的表现（二）（下）

所有的矩形都可以看成是正方形的变体,是常态下增加其高度或宽度变化而成的。像三角形一样,当正方形坐落在它的一条边上时是稳定的,当以其一角为支撑时则是动态的(图4-13～图4-16)。

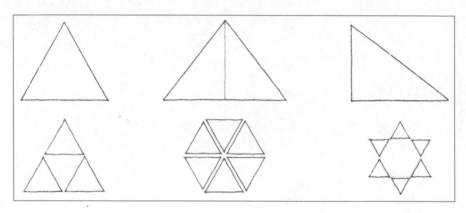

图4-9　三角形的构图

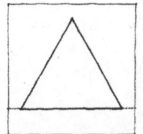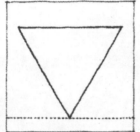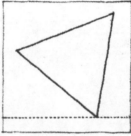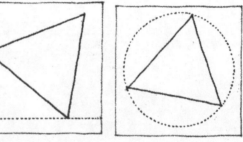

图4-10　三角形的环境特性

图4-11　三角形在建筑中的表现(一)　　图4-12　三角形在建筑中的表现(二)

第4章　建筑形态的构成形式　75

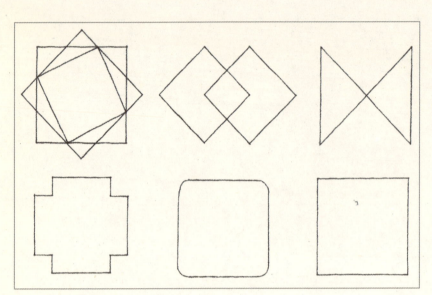
图4-13 方形的构图

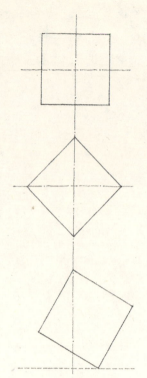
图4-14 方形的环境特性

图4-15 方形在建筑中的表现(一)

图4-16 方形在建筑中的表现(二)

4.1.2 基本形体

基本形状可以被展开或旋转以产生体的形式或实体，这些实体是独特的、规则的并且容易识别的。圆可以派生球和圆柱；三角形可以派生圆锥和棱锥；正方形则可以派生立方体。在这种背景下，实体一词不是指物质的稳固状态，而是指三度几何体或图形。

球体：由半圆围绕其直径旋转而成的，球面的每一点到圆心的距离都相等。球体是一个向心性和高度集中性的形式，像它的原生形式——圆一样，在它所处的环境中可以产生自我为中心的感觉，通常呈稳定的状态。当它处于一个斜面上的时候，它可以朝一个方向倾斜运动。从任何视点来看，它都保持圆形（图4-17～图4-19）。

圆柱体：由一个矩形围绕其一条边旋转而成的。圆柱体是以通过两个圆形表面圆心的轴线为中心的。圆柱体可以很容易地沿着此轴延长。如果以其圆形表面为底座，圆柱则呈一种静态的形式。当中轴从垂直状态发生倾斜时，它就处于一种不稳定的状态（图4-20、图4-21）。

圆锥：由一个直角三角形围绕其一直角边旋转而成的。像圆柱一样，当它以圆形基面为底座的时候，圆锥是个非常稳定的形式；当它的垂直轴倾斜或倾倒的时候，它就是一种不稳定的形式。它也可以尖顶朝下直立起来，呈现出一种不稳定的平衡状态（图4-22、图4-23）。

图4-17 球体

图4-18 球体在建筑中的表现(一)

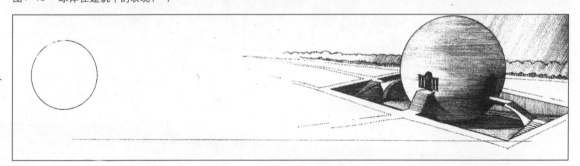

Maupertius, Project for an Agricultural Lodge, 1775, Claude-Nicolas Ledoux
毛波蒂亚斯，农庄住屋方案，1775年，C.-N.列杜

图4-19 球体在建筑中的表现(二)

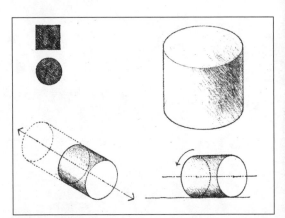

图4-20　圆柱体

图4-21　圆柱体在建筑中的表现

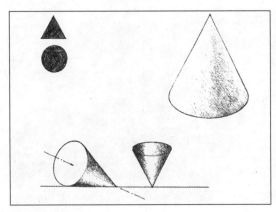

图4-22　圆锥

图4-23　圆锥在建筑中的表现

第4章　建筑形态的构成形式　79

棱锥：是一个多面体，具有多边形底座和三角形基面。这些三角形基面汇聚于一个普通的点，即顶点。棱锥的属性与圆锥相似，但是由于它所有的表面都是平面，棱锥以任一表面为底座都呈稳定状态。圆锥是一种柔和的形式，而棱锥相对而言是带棱带角、比较坚硬的形式（图4-24、图4-25）。

立方体：是一个有棱角的实体，它有六个尺寸相等的面，任意两个相邻面的夹角都是直角。由于它的几个量度相等，立方体是一种静止的形式，缺乏明显的运动感和方向性。立方体除了站立在其边或角上时，总是一种稳定的形式。即使立方体带有棱角的侧面会因为我们的视点而受到影响，它仍然是很容易辨认的形式（图4-26～图4-28）。

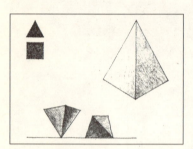

图4-24 棱锥

图4-25 棱锥在建筑中的表现

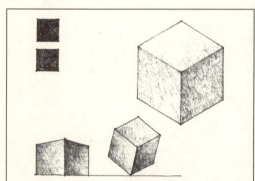

图4-26 立方体

图4-27 立方体在建筑中的表现（一）

图4-28 立方体在建筑中的表现（二）

4.1.3 规则的和不规则的形式

规则的形式是指那些各组成部分之间以稳定和有序的方式彼此关联的形式。这些形式的性质基本上是固定的，关于一条或多条轴线对称。球体，圆柱体，圆锥体，立方体是规则形式的主要实例（图4-29）。

即使在量度发生变化或增减要素的时候，形式仍能保持其规则性。即使在形式的某一部分消失或另一部分增加进来的时候，依据我们对于类似形式的经验，我们仍能在头脑中建构一个有关这一形式基本形象的模型。

不规则的形式是指那些各组成部分在性质上不同且以不稳定的方式组合在一起的形式。不规则的形式一般是不对称的，相比规则形式更富有动态。它们可能是规则形式中减去不规则要素的结果，或者是规则形式的不规则构图所致。

因为，我们在建筑中既要处理实体又要处理虚空，所以规则形式可能包含在不规则形式之中。同样，不规则形式也可以被规则形式围合起来。

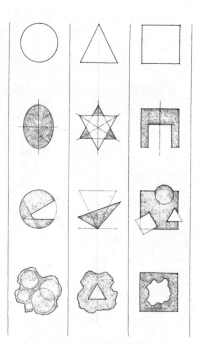

图4-29 规则的和不规则的形式

4.1.4 基本形体的变化

所有的其他形式都可以被理解为基本实体的变形。这些变化来自对于基本实体的一个量度或多量度的处理，或者是由于要素的增减而产生的。

1) 量度的变化

通过改变一个或多个量度，一种形式就会发生变化，但是作为某一形式家族的成员，变化后的形式仍能保持其特性。比如，一个立方体可以通过在高度、宽度和长度上的连续变化，变成类似的棱柱形式。它可以被压缩成一个面的形式，或者被拉伸成线的形式（图4-30～图4-34）。

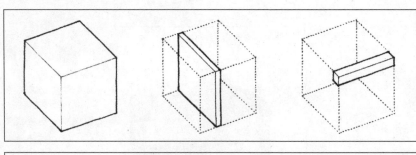

图4-30 量度的变化（一）

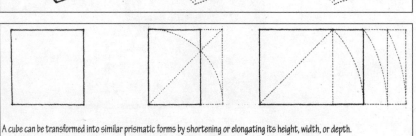

图4-31 量度的变化（二）

2) 削减式变化

一种形式可以通过削减其部分容积的方法来进行变化。根据不同的削减程度，形式可以保持其最初的特性，或者变成另一种类的形式。比如，一个正方体即使有一部分被削减，仍能保持其特性，或者变成逐渐接近球体的一系列规则多面体（图4-35～图4-38）。

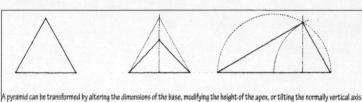

图4-32　量度的变化（三）

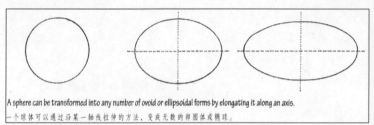

图4-33　量度的变化（四）

图4-34　量度的变化（五）

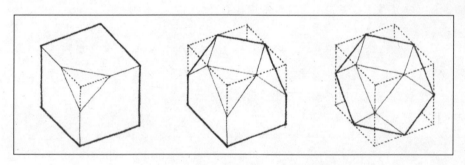

图4-35　削减式变化（一）

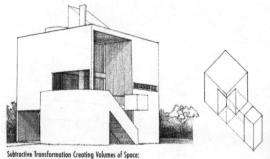

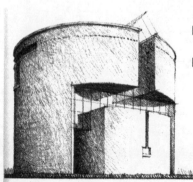

图4-36　削减式变化（二）（左）

图4-37　削减式变化（三）（右）

图4-38 削减式变化(四)

　　我们在所见的视野内总是寻求形式的规则性和连续性。如果在我们的视野中，任何一个基本实体有一部分被遮挡起来，那么我们倾向于使其形式完善并视其为一个整体，这是因为大脑填补了眼睛没有看到的部分。同样，当规则的形式中有些部分从其体量上消失，如果我们把它们视作不完整的实体的话，这些形式则仍保持着它们的形式特性。我们把这些不完整的形式称为"削减的形式"。

　　由于简单的几何形体易于识别，比如我们提到的基本实体，就非常适于进行削减处理。假若不破坏这些形体的边、角和整体外轮廓，即使其体量中有些部分被去掉，那么这些形体仍将保留其形式特性。

　　如果从某一形式的体量上移取得部分侵蚀了其边缘并彻底地改变了其轮廓，那么这种形式原来的本性就会变得模糊起来。

第4章　建筑形态的构成形式　　83

3）增加式变化

一种形式可以通过在其容积上增加要素的方法取得变化。增加过程的性质、添加要素的数量和相对规模，决定了原来形式的特性是被改变了还是被保留下来（图4-39～图4-42）。

削减的形式是从本体上移去一部分得到的，而增加的形式则产生于在原来的容积上连接或附加一个或多个从属形式。

两种或两种以上的形式组合在一起的基本可能性为：

空间张力，这类关系需要形式彼此之间相互靠近，或者具有共同的视觉特点，比如形状、色彩或材料相近。

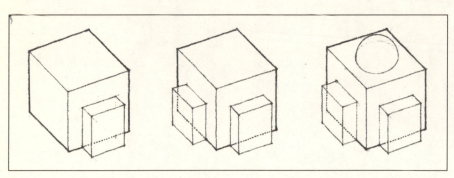

图4-39 增加式变化（一）（上）
图4-40 增加式变化（二）（左下）
图4-41 增加式变化（三）（右下）

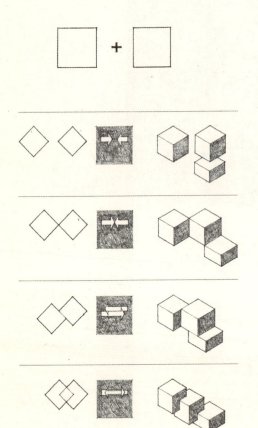

图4-42　增加式变化(四)

边与边的接触，在这类关系中，形式具有共享的边，并且能够围绕此边转动。

面与面的接触，这类关系要求两个形式具有相对应的、互相平行的表面。

体量穿插，在这类关系中，形式互相贯穿到彼此的空间中。这些形体不需要具有共同的视觉特点。

增加的形式来自于独立要素的积聚，其特征是由它的增长能力及与其他形式合并的能力决定的。对我们而言，要把增加式组合作为形式的统一构图，作为我们视野中感受的形象，各组合要素必须以一种条理分明的方式彼此相连。

4）旋转式变化

形体依一定方向旋转，一般在水平方向旋转的同时，也可作垂直方向的上升运动，使之产生强烈的动态和生长感（图4-43）。

图4-43　旋转式变化

第4章　建筑形态的构成形式　85

5）扭曲式变化

基本形体在整体或局部上进行弯曲，使平直刚硬的几何体具有柔和、流动感，其中包括顶面和侧面的扭曲（图4-44、图4-45）。

6）倾斜式变化

形体的垂直面与基准面成一定角度的倾斜，也可使部分边棱或侧面倾斜，造成某种动势，但仍保持整体的稳定感（图4-46）。

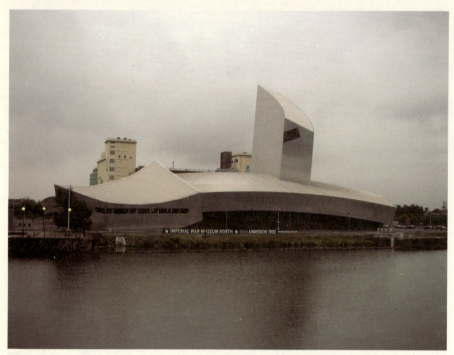

图4-44　扭曲变化（一）

图4-45　扭曲变化（二）

图4-46 倾斜变化

课题训练

■ 建筑基本形分析

课题要求：对建筑形态运用基本形与形态相关知识进行分析。

数量要求：1幢单体建筑

建议课时：2课时

课题步骤：选择1幢单体建筑，进行分析记录。

课题提示：注意基本形与形体变化之间的组合关系。

4.2 基本形体之间的空间关系

基本型体之间的空间关系有相含空间、相交空间、相邻空间、连接空间（图4-47）。

4.2.1 相含空间

一个大空间可以在其容积之内包含一个小空间。两者之间很容易产生视

图4-47 基本型体之间的空间关系

相含空间

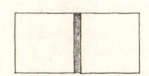

相邻空间

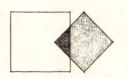

相交空间

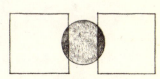

连接空间

觉及空间的连续性，但是被包含的小空间与室外环境的关系则取决于包在外面的大空间（图4-48）。

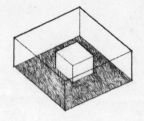

图4-48　相含空间

在这种空间关系中，封闭的大空间为包含于其中的小空间提供了一个三度的领地。为了感知这种概念，两者之间的尺寸必须有明显的差别。如果被包围的空间尺寸增大，那么，大空间则开始失去作为包围形式的能力。如果被包围的空间继续增大，那么，它周围的剩余空间将被大大压缩而不能称其为包围空间。外层空间将变成仅仅是环绕被围空间的一片薄层或一层表皮（图4-49）。

图4-49　相含空间的大小区别

为了使被围空间具有较高的吸引力，其形式可以与外围空间的形状相同，但其方位则是不同的方式。这种作法会在大空间中产生二级网格和一系列充满动感的附属空间（图4-50）。

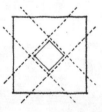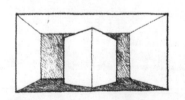

图4-50　相含空间的方向差别

被围空间的形式也可以不同于围护空间，以增强其独立体量的形象。这种形体对比会表明两个空间的功能不同，或者被围空间具有重要的象征意义（图4-51）。

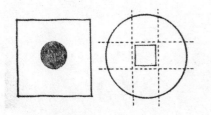 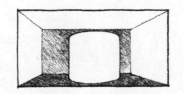

图4-51 相含空间的形式差别

4.2.2 相交空间

相交式的空间关系来自两个空间领域的重叠，并且出现了一个共享的空间区域。当两个空间的容积以这种方式穿插时，每个容积仍保持着它作为一个空间的可识别性和界限。但是对于两个穿插空间的最后造型，则需要做一些说明（图4-52）。

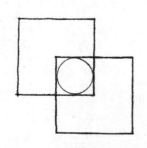 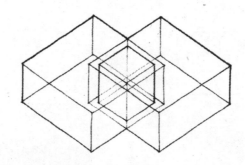

图4-52 相交空间

两个容积的相交部分，可作为各个空间同等共有（图4-53）。

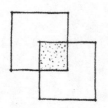 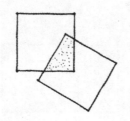 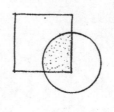

图4-53 相交空间的共有

相交部分可以与其中一个空间合并，而成为其整个容积的一部分（图4-54）。

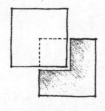 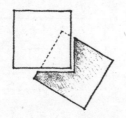 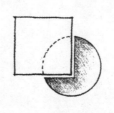

图4-54 相交空间的合并

相交部分可以作为一个空间自成一体，并用来连接原来的两个空间（图4-55）。

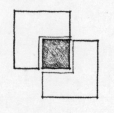 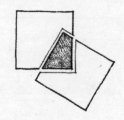 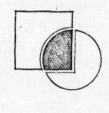

图4-55 相交空间的连接

4.2.3 相邻空间

邻接是空间关系中最常见的形式。它使每个空间都能得到清楚地限定，并且以其自身的方式回应特殊的功能要求或象征意义。两个相邻空间之间，在视觉和空间上的连续程度取决于那个将它们分开又把它们联系在一起的面的特点（图4-56）。

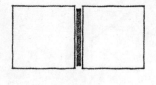 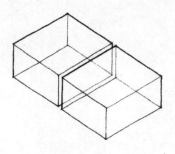

图4-56 相邻空间

分隔面可以限制两个邻接空间的视觉连续和实体连续，增强每个空间的独立性，并调节二者的差异（图4-57）。

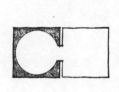 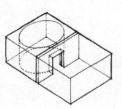 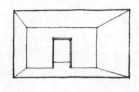

图4-57 相邻空间的分隔面（一）

作为一个独立面设置在单一空间容积中（图4-58）。

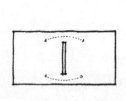 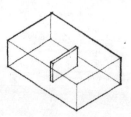 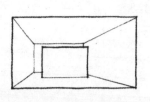

图4-58 相邻空间的分隔面（二）

被表达为一排柱子，可使两空间之间具有高度的视觉连续性和空间连续性（图4-59）。

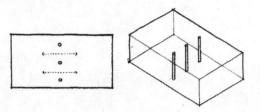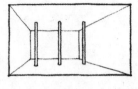

图4-59 相邻空间的分隔面(三)

仅仅通过两个空间之间高度的变化或表面材料以及表面纹理的对比来暗示。此例以及前面的两例也可以被视为单一的空间容积,被分为两个相关的区域(图4-60)。

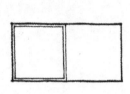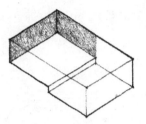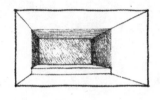

图4-60 相邻空间的分隔面(四)

4.2.4 连接空间

相隔一定距离的两个空间可由第三个过渡空间来连接或关联。两空间之间的视觉与空间联系取决于第三个空间,因为两空间都与这一空间具有共享的区域(图4-61)。

过渡空间的形式和朝向可以不同于两个空间,以表明其关联作用(图4-62)。

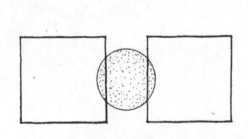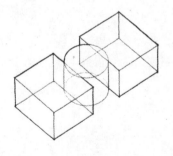

图4-61 连接空间(左)
图4-62 连接空间的形式(一)(右)

过渡空间以及它所联系的两个空间,三者的形状和尺寸可以完全相同,并形成一个线式的空间序列(图4-63)。

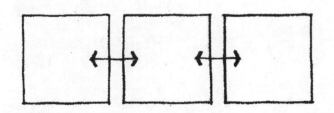

图4-63 连接空间的形式(二)

过渡空间本身可以变成直线式，以联系两个相隔一定距离的空间，或者加入彼此之间没有直接关系的整个空间序列（图4-64）。

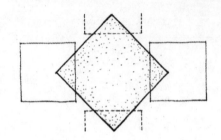

图4-64 连接空间的形式（三）

如果过渡空间足够大的话，它可以成为这种空间关系中的主导空间，并且能够在它的周围组织许多空间（图4-65）。

过渡空间的形式可以是相互联系的两空间之间的剩余空间，并完全决定于两个关联空间的形式和方位（图4-66）。

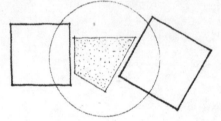

图4-65 连接空间的形式（四）（左）
图4-66 连接空间的形式（五）（右）

4.3 多元形的构成方式

多元形体可组合成具有不同表现力的群体形象，使人产生不同的视觉感受。同时，也可采用暗示和隐喻的手法，使形体构成不仅具有鲜明的个性，也可给人以丰富的联想。多元形体的组合形式有集中式组合、线式组合、放射式组合、组团式组合、网格式组合（图4-67）。

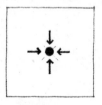

集中式组合

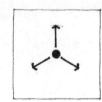

放射式组合

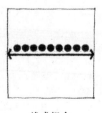

线式组合

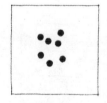

组团式组合

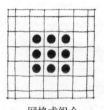

网格式组合

图4-67 空间组合形式

4.3.1 集中式组合

集中式组合是一种稳定的向心式的构图。它由一定数量的次要空间围绕一个大的占主导地位的中心空间构成（图 4—68）。

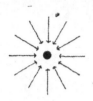  

图4—68　集中式组合

不同的形体围绕占主导地位的中央母体而构成，表现出强烈的向心性。中央母体多为规整的几何体。周围的次要形体的形状、大小、可以相同，也可以彼此不同。集中式形体可为独立单体或在场所中的控制点，为一个范围的中心（图 4—69）。

图4—69　集中式组合

在这种组合中，居于中心地位的统一空间一般是规则的形式，并且尺寸要足够的大，以使许多次要空间集结在其周边（图 4—70）。

图4—70　集中式组合的中心空间

组合中的次要空间，它们的功能、形式、尺寸可以彼此相当，形成几何形式规整，关于两条或多条轴线对称的总体造型（图4-71）。

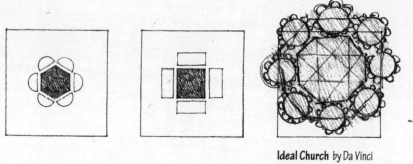

图4-71 集中式组合的次要空间

次要空间的形式或尺寸也可以互补相同，以适应各自的功能要求，表达它们之间相对的重要性或者对周围环境做出反应。次要空间中的差异，也使集中式组合的形式能够适应基地的环境条件（图4-72）。

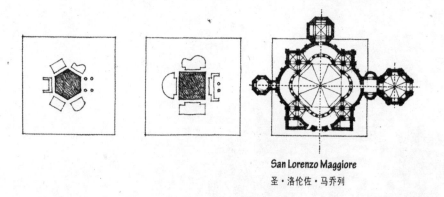

图4-72 集中式组合的次要空间

由于集中式组合这种形式本身没有方向性，因此通道和入口的情况必须在基地上表达清楚，并且必须把一个次要空间明确地表达为入口或门道（图4-73）。

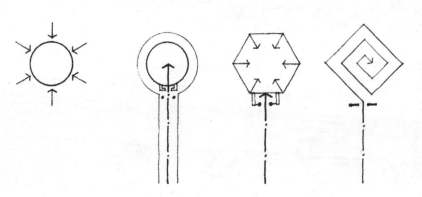

图4-73 集中式组合的入口表达

4.3.2 线式组合

线式组合实际上包含着一个空间系列。这些空间既可直接地逐个连接，也可由一个单独的不同的线式空间来联系（图4-74）。

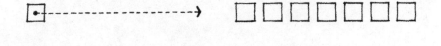

图4-74 线式组合（一）

线式空间组合通常由尺寸、形式和功能都相同的空间重复出现而构成，也可将一连串尺寸、形式或功能不同的空间，用一个独立的线式空间沿其长度将那些空间组合起来。在这两种情况下，序列上的每个空间都朝向外面（图4-75）。

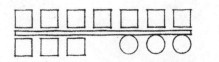

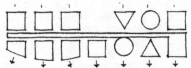

图4-75 线式组合（二）

对线式组合而言，在功能方面或象征方面具有重要性的空间，可以沿着线式序列，随时出现在任何一处，并且以尺寸和形式来表明它们的重要性。它们的重要性也可以通过所处的位置加以强调（图4-76）。

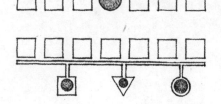

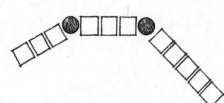

图4-76 线式组合（三）

- 位于线式序列的重点
- 偏离线式组合
- 在某段线式形式的转折点上

因为线式组合的特征是"长"，所以它表达了一种方向性，同时意味着运动延伸和增长。为了限制线式组合的增长态势，这种组合可以终止于一个主导空间或主导形式，或者终止于一个精心设计、表现清晰的入口，也可以与其他建筑形式或基地的地形融为一体（图4-77）。

图4-77 线式组合（四）

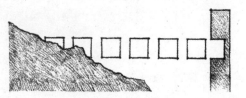

线式组合的形式本身具有可变性，容易适应场地的各种条件。它可根据地形的变化而调整，或环绕一片水面、一丛树林，或改变其空间朝向以获得阳光和景观。它既能采用直线式、折线式，也能采用弧线式。它可以水平穿过基地，沿斜坡而上，也可以像塔一般垂直耸立（图 4-78）。

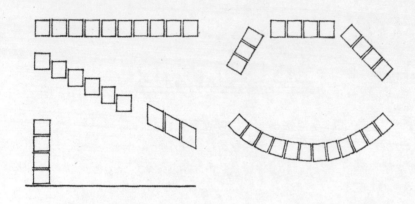

图4-78 线式组合的可变性

线式组合可以用下列方式与环境中其他的形体相联系（图 4-79）。

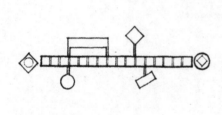

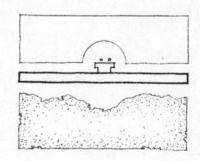

图4-79 线式空间组合的环境利用

图4-80 线式空间组合的曲线和折线表现

- 沿其长向连接和组合其他形式
- 作为墙或屏障把其他形体隔离在另外一个不同的区域内
- 在某一空间区域内，环绕或围合其他形体

曲线和折线式的线式组合，在其凹面一侧围起了一块室外空间领域，而且使其空间指向该领域的中心。在凸面一侧，这些形体面对外部空间，并且把那个空间排斥在形体所围合的区域之外（图 4-80）。

4.3.3 放射式组合

空间的放射式组合，综合了集中式与线式组合的要素。这类组合包含一个居于中心的主导空间，多个线式组合从这里呈放射状向外延伸。集中式组合是一个内向的图案，向内聚焦于中央空间，而放射式的组合则是外

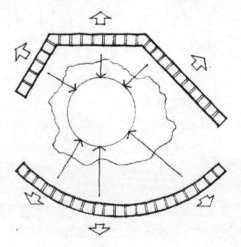

向型平面，向外伸展到其环境中。通过其线式的臂膀，放射式组合能向外伸展，并将自身与基地上的特定要素或地貌连在一起（图4-81）。

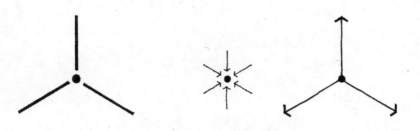

图4-81　放射式组合

正如，集中式组合一样，放射状组合的中心空间，通常也是规则的形式。以中央空间为核心的线式臂膀在形式和长度上彼此相近，并保持着这类组合总体形式的规整性（图4-82）。

图4-82　放射式组合的中心空间

放射式的臂膀也可能彼此不同，以适应功能或环境的特殊要求。

放射式组合的一个特殊变体是风车模式，这类组合的线式臂膀从正方形或矩形中心空间的各边向外伸展。这种布局形成一个充满动感的图案，具有围绕中心空间旋转运动的视觉倾向（图4-83）。

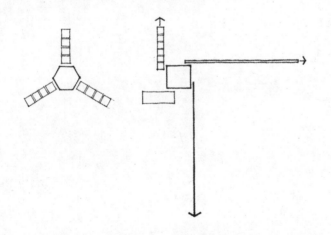

图4-83　放射式组合的形式

4.3.4　组团式组合

组团式组合通过紧密连接来使各个空间之间互相联系。通常包括重复的、细胞状的空间，这些空间具有类似的功能并在形状和朝向方面具有共同的视觉特征。组团式空间组合也可以在它的构图中包容尺寸、形式和功能不同的空间，但这些空间要通过紧密连接，或者诸如对称、轴线等视觉秩序化手段来建立联系。因为组团式组合的图案，并不来源于某个固定的几何概念，因此它灵活可变，可随时增加和变换而不影响其特点（图4-84、图4-85）。

重复的空间

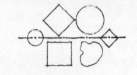
具有相同形状　　以轴线来组合

图4-84　组团式组合的形式（一）

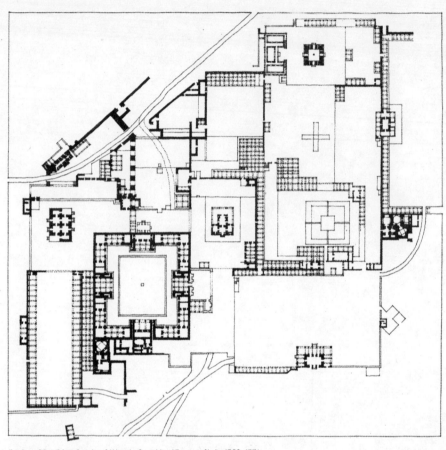

Fatehpur Sikri, Palace Complex of Akbar the Great Mogul Emperor of India, 1569–1574
费特普·斯克里，印度莫卧儿大帝阿克巴的宫殿综合体，1569年—1574年

图4-85　组团式组合的形式（二）

图4-86　组团式组合形式

组团式组合可以围绕一个进入建筑物的入口点，或者沿着穿过建筑物的运动轨迹来组织空间，这些空间也可以成团地布置在一个大型的划定区域或空间容积的周围，这种图案类似于集中式组合，但缺乏后者的紧凑性和几何规整性。组团式组合中的各个空间，也可以被包容在一个指定的范围或空间容积之内（图4-86）。

由于组团式组合的图形中没有固定的重要位置，因此必须通过图形中的尺寸、形式或朝向，才能清楚地表现出某个空间所具有的重要意义。

围绕入口来组合　　沿通道组合　　以环形通道来组合

集中式图案　　组团式图案　　包容于一个空间内

可以采用对称或轴线的方法来加强和统一组团式组合的各个局部，同时有助于清楚地表达在这类空间组合中某一空间或空间群的重要性。

4.3.5 网格式组合

网格式组合由这样的形式和空间所组成：它们的空间位置和相互关系受控于一个三度网格图案或三度网格区域（图 4-87）。

网格来自于两套平行线相交，这两套平行线通常是垂直的，在它们的交点处形成了一个由点构成的图案。网格图案投影到第三量度，就变成一系列重复的模数化的空间单元（图 4-88）。

网格的组合力来自于图形的规整性和连续性，它们渗透在所有组合要素中。由空间中的参考点和线形成的图形建立起一种稳定的位置或稳定的区域。通过这种图形，网格式空间组合享有了共同的关系，尽管其中要素的尺寸、形式或功能不同（图 4-89）。

建筑中的网格大多是通过梁与柱组成的框架结构体系形成的。在这一网格区域内，空间既能以独立实体出现也能以重复的网格模数单元出现。无论这些空间在该区域中如何布置，只要把它们看作"正"的形式，就会产生一些次要的"负"空间（图 4-90）。

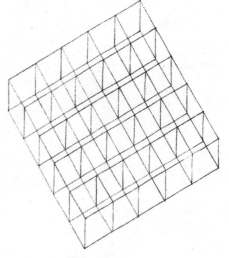

图4-87　网格式组合的形式（一）

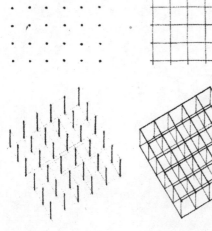

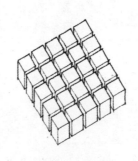

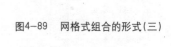

图4-88　网格式组合的形式（二）

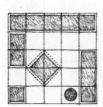

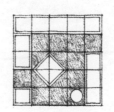

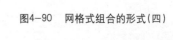

图4-89　网格式组合的形式（三）

图4-90　网格式组合的形式（四）

第4章　建筑形态的构成形式

由于三度网格是由重复的、模数化的空间单元组成的，它可以被削减、增加或层叠，而仍然保持其作为一个网格的可识别性，具有组合空间的能力。这些形式变化可以用来调整网格，使其形式与基地相适应；可以限定入口或室外空间，或者为其增长或扩大留下的余地（图4-91）。

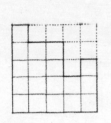 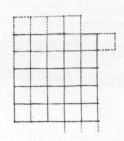 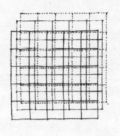

图4-91 网格式组合的形式（五）

为了满足空间量度的特定要求，或者为了明确交通和服务等空间区域，网格可以在一个或两个方向上呈不规则形式。这种量度的改变将会产生一套等级化的模数，可以通过尺寸、比例和位置加以区分（图4-92）。

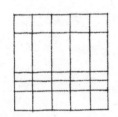 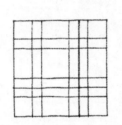 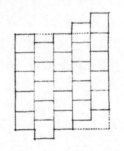

图4-92 网格式组合的形式（六）

网格也可以进行其他的变化。网格的某些部分可以滑动，以改变贯穿这一领域的视觉与空间连续性。网格形式还可以中断，划分出一个主体空间，或者适应场地的自然地貌。网格的一部分也可以移位，并围绕基本图形上的一点转动。从网格所在区域的一边倒另一边，网格的形象可以不断发生改变，从点到线到面，最后变成体（图4-93）。

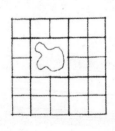 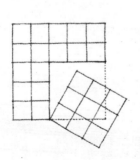 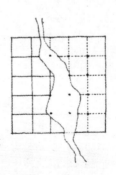

图4-93 网格式组合的形式（七）

课题训练

■ 建筑形体空间组合分析

课题要求：对建筑形态运用形体的空间组合的相关知识进行分析。

数量要求：1幢连体建筑或1处建筑群

建议课时：2课时

课题步骤：选择1幢单体建筑或1处建筑群，进行分析记录。

课题提示：注意建筑形体之间的关系和组织形式。

4.4 建筑肌理

4.4.1 建筑肌理的概念

自然界中的任一物体表面都具有特殊构造且形成其表面特征，我们称之为肌理或质感。视觉质感指通过质感产生的一种视觉上的感觉。视觉质感的具体产生不仅有物体材料质地和肌理上的材质因素，还有人的视觉、触觉、味觉等生活经验的心理因素。肌理在建筑设计中是不可缺少的因素，肌理应用恰当，可以使设计更具有魅力（图4-94）。

肌理是由人类的操作行为导出的表面效果，以人的视觉感受加上某些心理感受。由物体表面所引导的视觉触觉，称为视觉肌理；由物体表面组织构造所引导的触觉质感称为触觉肌理。

建筑的尺度较其他产品要大得多，往往要从不同的视距来观赏。因此，

图4-94 建筑肌理的表现

在设计中仅从材料质感的角度考虑是不够的，更需要考虑改变原始材料起伏编排的可能性，在各种尺度层次上创造丰富多姿的肌理。

4.4.2 肌理的形态特征

肌理属于造型的细部处理，相当于产品的材料选择和表面处理。相同的材质或相同的形态，由于肌理表现不同，造成的表面效果、视触觉的体验各不相同。利用肌理可以增强立体感，同时也可丰富立体形态的表情。

通常肌理的创造是一种群体造型，形体小、数量多、面积广，造成星罗密布的感觉。肌理的造型特点是以群体的组织效果为主，以个体形态的表现效果为辅。加上肌理的个体形态多、小，所以一般肌理个体造型的创造多为简单化设计，常采用三类基本形态：偶然形态、几何形态和有机形态。

1. 偶然形态：指不可意识的重复形态，具有偶发性和复杂性。一般由于破坏产生的形态都为偶然形态，其特点是缺乏准确性但有着超越人类意志的魅力和奇妙的诱惑力（图4-95）。

图4-95　偶然形态肌理

2. 几何形态：指完全可以重复的形态，一般利用机械加工获得造型。其特点是具有理性、明快、准确、条理强，不足是呆板、缺乏自由感，造型使用不当会显生硬和冷（图4-96）。

图4-96　几何形态肌理

3. 有机形态：指强调内力运动变化的形态，使人感到力量和速度，是不受约束的自然的变形设计，体现有机形的完整机能美，如树页、卵石等（图4-97）。

4.4.3 肌理的组织形式与配置

1. 肌理的组织形式

1）形状效果：侧重以情态为主的组织构造法和以逻辑为主的组织构造法。

图4-97　有机形态肌理

2）光感效果：侧重以视觉为主的造型设计。光感效果来自于对物体光泽度的体现，光泽度是由发射光的空间分布所决定的对物体表面的知觉属性。如细密光亮的质面，反光强，感觉轻快活泼；平滑无光的质面，没有反光，感觉含蓄安静；粗糙无光的质面，感觉稳重生动。

3）触感效果：侧重以触觉为主的造型设计。触觉作为造型要素源自于20世纪未来派的大师马列维奇所发表的触觉主义宣言。触觉是组合压觉（硬、软、滑、糙等），痛觉（痒、酥、浅痛、深痛等），温度觉（热、温、凉、冷等）和湿度觉（干、阴、潮、湿等）的综合皮肤感觉（图4-98）。

关于触觉，有两层含义：

一是直接感觉，以实际材料和材料表面的实际组织构造为基础。

二是心理感受，以材料表面组织构造所构成的心理假象为基础。在具体设计中，这两种因素互相结合、相辅相成。

在进行立体构成训练时，要多用手摸、眼观来辨别肌理的具体性质，经过大量经验积累后，逐渐发展到单凭视觉就能判断肌理的性能。

2. 肌理的配置

1）肌理与肌理的处理，将各种肌理配置在一起，从其形式、光影、触感等方面来研究如何搭配构成。可以利用同种材料构成肌理，材料相同，本就具备了统一协调性，进一步的创造是在统一中寻求对比变化性。也可以利用不同

图4-98 触觉肌理

材料构成肌理，材料对比的变化（形状、面积、色彩等）显著，构成设计应侧重在统一协调上。

2）肌理与形体的处理。肌理是形体的构造，与形体关系密切。在某个形体上具体配置肌理效果，可以根据使用方式和视线投射的方向；也可以根据比例权衡的法则。既然肌理可以丰富立体的表情，那么自然将肌理布置在视线经常看到的部位；既然肌理具备一定意义，那就将肌理安排在使用时常接触的部位。肌理之所以能加强立体感，显然是由于其形状、分割配置关系所致。因此，肌理的配置要符合使用情况，因地制宜。

4.4.4 建筑肌理的材料表现

1. 石材

石材是最为传统的建筑材料，自古以来石砌建筑的墙、柱等细部带给我们美的视觉感受。即使是在主要发展了木结构的中国，石材也未被遗忘。石材耐久，自身色彩变化很多，加之不同的规格形状以及表面处理方式，可获得多种色彩、质感以及砌筑图案。现在采用石材砌筑承重结构的建筑已经很少见，多是以石材面取得视觉效果。正因为如此，更需要石材砌筑规律的表现（图4-99～图4-101）。

图4-99　建筑石材肌理(一)

图4-100 建筑石材肌理（二）

图4-101 建筑石材肌理（三）

2. 砖

砖是人造的承重材料，色彩单纯强烈，质感比未经磨光的石材更加平整细腻，砌体图案既变化丰富，又规整精确（图4-102～图4-104）。

3. 混凝土

混凝土这种人工混合材料是当今运用最为普遍的承重结构材料之一，决定混凝土色彩最主要的因素是水泥。而决定混凝土质感形成与纹理表现的除了合成它的材料之外，更重要的是浇筑它的模板制作。如欲充分利用混凝土的色彩、质感与纹理来赋予建筑独特格调，则应对水泥进行严格要求，对模板制作要经过精心设计与严密加工。混凝土肌理的艺术运用，可以使建筑具有非凡的魅力（图4-105）。

图4-102 建筑砖材肌理(一)(左)

图4-103 建筑砖材肌理(二)(右)

图4-104 建筑砖材肌理(三)(下)

4．木材

木材也是一种从远古时代开始使用的承重结构材料，我国对木结构的发展作出了卓越的贡献。木材也总是要覆以其他材料如油漆的涂层，而涂层基本上可以分为透明与不透明两大类。透明的涂层可以在较大程度上展示木材本身的色彩与质感；而不透明涂层，既要注意它自身颜色的品质，又要注意它与其他建筑构成部分在色彩上的和谐（图4-106～图4-108）。

5．金属

金属材料分为型材与板材（图4-109～图4-111）。

图4-105　建筑混凝土肌理

图4-106　建筑木材肌理（一）

第4章　建筑形态的构成形式

1)金属型材,主要是铝型材与钢型材

铝型材的涂层有透明与不透明之分,而钢型材总是要覆盖以各种涂层,包括防火涂料,并被其他饰面材料所包裹,使用时需注意它们不同的美学效果。

2)金属板材,主要也是铝合金与钢板

它们的色彩与质感特点与型材一致。对金属板材还可以进一步加工处理,比如轧花或穿孔,比如镀铅铜板或搪瓷钢板等等。可在色彩与质感的基础上增添纹理图案的效果,产生与众不同的美感。

6. 玻璃

玻璃是维护结构材料中的重要类型。当采用隐框玻璃墙时,建筑外观上

图4-107 建筑木材肌理(二)

图4-108 建筑木材肌理(三)(左)

图4-109 建筑金属肌理(一)(右)

图4-110 建筑金属肌理(二)

图4-111 建筑金属肌理(三)

可以说是除了玻璃外别无它物。玻璃的表面特性不一,色彩种类极多,各有其适合的应用范围(图4-112~图4-114)。

7. 其他装饰材料

1)面砖与陶瓷锦砖

面砖与陶瓷锦砖都是长期普遍使用的饰面材料。面砖和马赛克的贴法应该周密设计,以决定横贴、竖贴或以某种方式组合。采用两种或两种以上的不同色调的面砖贴面时,自然搭配比有规律变换的观感更加生动,当然对施工的要求亦更严格(图4-115)。

图4-112　建筑玻璃肌理(一)　　　　图4-113　建筑玻璃肌理(二)

图4-114　建筑玻璃肌理(三)

图4-115 建筑面砖肌理

2）涂料

涂料是较晚兴起的墙面装饰材料。在所有装饰面材料中，涂料的颜色可谓最多，且容易调配，在现代建筑设计中，由于生产工艺的进步，涂料已克服自身的诸多缺点，成为更广的饰面选择，运用也越来越广泛（图4-116～图4-118）。

此外，还有许多区域性、地方性材料，用于建筑饰面，多是就地取材，并非工业化大量生产。因此使用起来，便会具有独特的视觉美感，且使建筑具有明显的地域特色。

图4-116 建筑涂料肌理（一）

第4章 建筑形态的构成形式　111

图4-117 建筑涂料肌理(二)

图4-118 建筑涂料肌理(三)

课题训练

■ 建筑肌理改造

课题要求：对已有建筑形态运用建筑肌理相关知识进行肌理设计。

数量要求：1幢单体建筑

建议课时：4课时

课题步骤：选择具有形式感的建筑形态，在计算机上运用图像处理软件进行肌理改造后打印。

课题提示：注意建筑环境的和谐以及建筑所产生的文化属性的和谐。

第5章 建筑形态的视知觉

建筑形态与构成

5.1 形态的平衡感

物体内部或物体之间总是存在着冲突与矛盾，人们的心理需求总是在寻求着一种平衡或是一种均衡的因素。立体形态受到重力的牵引，必须使自己达到物理平衡；同时，物体的形态、色彩、肌理和材料属性、加工方法、自身的相互关系、与空间尺度的相互关系、与环境的位置关系、立体形态的方向性等都极大地影响着知觉平衡。

物理平衡在于作用于一个物体上的各种大小相等、方向相反的力相互抵消时候的状态。立体构成必须符合力学规律，并揭示和展现各种力的平衡与冲突。视觉平衡在于立体形态的形式结构和空间结构的知觉平衡。

物理平衡与视觉平衡的区别在于诸如大小、色彩、方向等因素造成的视觉平衡值往往与相对应的物理因素不一致。我们在一件作品中所要求的平衡，绝不仅仅是几何对称，或是中心两侧的物体对等，满足于力学平衡，同时也要注意到，由于兴趣、注意力和暗示性运动的微妙影响，在构成一件作品的平衡美方面也是举足轻重的。

平衡是指如何处理各造型要素，使它们在相互调节下产生一种安定的现象。或者说是，造型要素的形、色、质以及有关位置、空间、量感、重力、动力、方向、引力，甚至错觉、错视等因素的运动在整体构成形式上，给人以不偏不倚的稳定感受，即平衡。有量的平衡和心理平衡两种。

对称是指"轴的两边或周围形象的对应等同。均衡是指"在假定的中心线或支点的两侧形象各异而量感等同。均衡形式主要通过经营位置、比例、色彩等因素取得，还可凭借形象的运动趋势、心理特点实现"。对称与均衡是取得视觉平衡的两种方式。对称是一种特殊的均衡，具有稳定、端庄、整齐、平静的特点。相对于对称来说，均衡显得自由活泼，富于变化。

5.1.1 对称

对称可以分为四种形式：双侧对称、旋转对称、球辐对称、两辐对称。双侧对称，或叫做中轴对称，是以一条直线为中轴形成的左右对称。在自然界中，树叶的形状、蝴蝶的翅膀都是双侧对称的。在视觉艺术中，双侧对称有十分严格的双侧对称，也有相对的双侧对称。旋转对称也叫做辐射对称，是以一个中心线或中心点向周围放射，其中每一部分都是相同的，如雪花、车轮、穹窿、雨伞、瓶子等都具有旋转对称性。球辐对称指从球心作同心圆排列或辐射状排列，例如蒲公英的种子，球体属于特殊的球辐对称（图5-1、图5-2）。

生物中的对称是为了保持生物体两侧的重力平衡，是生理上的需要，是生命活动所必须的条件。如鸟的飞行、人的行走都需要保持平衡，因此必须是严格对称的。如果不对称，行动时则难以调整重心，会给生命体的生存带来巨大的问题。

图5-1　左右对称　　　　图5-2　辐射对称

　　人为的对称与人的视知觉活动密不可分。从格式塔心理学的观点来看，当不完整的形呈现于眼前时，会引起人的强烈愿望使之和谐完美。人被这种希望把外物形态改造为完美形式的心理所支配。

　　视觉上的平衡感是人最基本的心理需求，而对称被认为是组织得最好、最有规律的一种完形。通过对称的处理，不完美的图形变得完美了，"在格式塔心理学中，这种趋势被解释成有机体的一种能动的自我调节的倾向，即机体总是最大限度地追求内在平衡的倾向。"对称传达的多余信息正是眼睛所期望的，因而产生一种极轻松的视觉感。

　　古希腊人十分关注"对称"现象，认为世界的一切规律都从对称而来。毕达哥拉斯学派认为，圆是最完美的几何图形，因为它们在各个角度都是绝对对称的。亚里士多德认为天体是球形的，因为只有圆球形状才无损于作为天国的完美性。世界各民族艺术中，都具有普遍的对称现象（图5-3、图5-4）。

图5-3　中国民间艺术中的对称（一）（左）

图5-4　中国传统艺术中的对称（二）（右）

第5章　建筑形态的视知觉　117

5.1.2 均衡

视觉上的均衡感来自心理感知上的平衡。人们都有物理上的平衡经验，基于力学原理，物像的形状、色彩、大小、材质等在视觉上会形成类似于物理平衡的视觉平衡（图5-5）。

获得均衡的因素有两个：重力与方向。重力又是由位置、大小、色彩等一系列因素决定。在画面组成元素中，构图中心位置所具有的重力较远离中心的重力大，位于上方和右方的重力又较下方和左方的重力大；面积大的重力大，面积小的重力小；色彩灰暗的重力大，色彩明亮的重力小。方向同重力一样会影响平衡。视觉中的均衡是各种不同大小和方向的力碰撞、叠加、抵消的结果。格罗佩斯在《新建筑与包豪斯》一书中写道："现代结构方法越来越大胆的轻

图5-5 形态均衡

巧感，已经消除了与砖石结构的厚墙和粗大基础分不开的厚重感对人的压抑作用。随着它的消失，古来难于摆脱的虚有其表的中轴线对称形式，正在让位于自由不对称组合的生动有韵律的均衡形式。"意大利建筑师布鲁诺·塞维认为："对称性是古典主义的一个原则，而非对称性是现代语言的一个原则。"对称性的布局也极易造成浪费和呆滞。随着新技术、新工艺、新结构在建筑中的运用，不对称结构冲破对称模式的约束，趋向于自由的形式。

课题训练

■ 形态对称构成
课题要求：以空间基本造型元素点、线、面、体根据稳定性原理来表现对称。
数量要求：1件
建议课时：4课时
课题步骤：尝试对点、线、面进行有规则的、不规则的各种配置，并可以运用一个主题，以达到对称的效果。
课题提示：使形态能够体现思想或意境。

■ 形态均衡构成
课题要求：以基本造型元素点、线、面、体根据稳定性原理来表现均衡。
数量要求：1件
建议课时：4课时
课题步骤：尝试对点、线、面进行有规则的、不规则的各种配置，并可以运用一个主题，以达到均衡的效果。
课题提示：使形态能够体现思想或意境。

5.2 形态的韵律感

节奏与韵律是音乐的名词。音乐的节奏是指节拍的强弱或长短交替出现并合乎一定的规律。它作为旋律的主导，是乐曲构成的基本因素，由轻重缓慢而形成。另外音乐的节奏理解为作品中段落与段落的比例平衡关系。

形态构成中的节奏只是借代词，几乎和音乐节奏无关系。但从其内涵来分析，它们有很多相近之处。建筑形态的节奏表现为造型要素有秩序地进行诸如起伏、交错、渐变、重复等有规律的变化。建筑形态的节奏变化还包含整体布局中各个部分之间的有机变化规律。我们通常看到不成功的建筑设计作品只是许多体块堆积，谈不上节奏关系的有机运用。只有当这种排列产生一种有秩序的形式美感时，才能称为节奏，而不是随意安排和随意处理都能列入节奏范畴。

节奏感的产生和人的心理因素有很大关系。大凡人们在观察一幅画或一件立体构成作品时，都有这样一个过程：开始看到的是总体形象，接下来才会一个局部、一个局部地搜索性看下去。这种搜索（也叫间歇观察）是看一下、再停一下，再看一下、停一下地进行。

假如作品中没有主次、虚实、强弱变化，全部都是主要的，全部是实的，全部是强的，不仅感到单调，咄咄逼人，还会使人感到看得很累。节奏如此重要，它其实和我们的心跳有很大的关系。人们从婴儿时就习惯了母体的心跳节奏，出生后这种节奏感伴随一生。当人们听到的音响，看到的场景或画面则是紧张、热烈、不安、恐怖、兴奋的节奏。像在电影中有这样的手法，为了加强一对恋人的热恋气氛，安排在火车高速行驶，车轮隆隆的紧迫节奏中，诱导观众心跳加快，热血沸腾。这种快节奏产生了热烈的效果。若是慢于心跳的节奏，给人的则是沉闷、死气、沮丧、消沉的感觉。这种节奏上的变化结果我们称为韵律。

节奏是单纯意义上的强弱、节拍等的称谓，韵律是带有情感的节奏变化结果。如：铿锵有力、悠扬深远、温柔和美等都具有感情色彩。通常立体构成中，线形的构造容易产生抒情类的韵律；而块型构造易产生沉稳有力的韵律；如旋转变化，有曲线的伸延感，就有抒情的韵律；若是大块体面的旋转，不仅抒情而且有力度。这说明了韵律的产生和构成的因素、手法有关，更有人的情感因素。人的情感因素是极其复杂的。因为韵律没有形式可言，当形态大小变化、方向变化、位置变化、厚薄变化、凸凹变化、阴影变化、交错变化、色彩变化、光线变化等都可转为韵律变化。

节奏与韵律是否达到和谐，是否达到作者要表达的情感才是至关重要的，这一切只有在实践中才能体会得到。因此韵律是只能意会，而很难言传的心理感觉。如果说节奏是"形"，那韵律就是"神"。节奏可以通过手法的变化，美学形式上的增减来创造。而韵律则无法用定量来求得。

在空间形态中，韵律是通过面积、体量的大小，元素的疏密、虚实、交错、重叠等变化来实现的，大致表现为以下几种方式：

连续韵律：指同一形象作等间隔排列。连续韵律是最单纯的节奏组织形式，可产生强烈的秩序美（图5-6、图5-7）。

图5-6　连续韵律（一）（左）

图5-7　连续韵律（二）（右）

渐次韵律：是在形象连续过程中表现出同方向的递增或递减。渐次能够产生运动感与光的幻觉，也能将画面中不同的时空关系自然衔接（图5-8）。

起伏韵律：要素强弱、大小、高低、虚实等有规则的变化。起伏应把握方向与量的关系，可显现抑扬顿挫的情调（图5-9）。

交错韵律：构成形象时线与线的相交以及面与面的叠加。交错可形成透明或半透明的拼贴效果,穿插错落,虚实相对,形成复杂、多变的韵律(图5-10)。

课题训练

■ 形态节奏构成

课题要求：试听一段现代乐曲，并以基本造型元素点、线、面、体根据稳定性原理来表现这段乐曲的节奏。

数量要求：1件

建议课时：4课时

课题步骤：通过对音乐节奏、情感以及艺术风格的体会，运用适合的造型元素进行形态的视觉化表现。

课题提示：注意形态的统一性、完整性以及体现的情感色彩。

图5-8 渐次韵律(左上)
图5-9 起伏韵律(左下)
图5-10 交错韵律(右)

■ 形态韵律构成

课题要求：试听一段古典乐曲，并以基本造型元素点、线、面、体根据稳定性原理来表现这段乐曲的节奏。

数量要求：1件

建议课时：4课时

课题步骤：通过对音乐节奏、情感以及艺术风格的体会，运用适合的造型元素进行形态的视觉化表现。

课题提示：注意形态的统一性、完整性以及体现的情感色彩。

5.3 形态的秩序感

在人类生活环境和社会中，需要整理成容易知觉的有条理的正常状态，这就是秩序。比如一大堆书，堆在地上杂乱无章，若是按某种规律放在书架上，就有条理了。或是按书的大小规律摆放，整齐美观；或是按书的内容摆放，便于查找。交通道口设有红绿灯，来往车辆按照规定的时间依次行驶，这就有了交通秩序；部队统一着装，队伍按高矮有序排列，感到军容整齐。

秩序性讲究整体与部分的关系，若是行驶中的一辆车硬要闯红灯，结果交通秩序会全部打乱。部队队列中有几个人不穿军服，则破坏了着装的统一秩序；或者队伍排列三三两两，队伍整体的连贯性打乱了，体现不出军队的阵势，军威将不复存在。因此部分应以服从整体为前提，秩序感才能成立。

我们经常看到的旋转楼梯台阶有序地呈扇形排列，人们的视线随台阶围绕中心轴的推移产生旋转变化。试分析，每个台阶的排列在人们视觉中是一个接一个连续不断的，这时视觉有秩序的延续产生旋转感。若是这种旋转的不是台阶而是立体构成训练作品，这时台阶的形状大小长短，甚至排列的距离都可作为构成因素进行变化。这时的变化必须做到有秩序地进行，要使人们的视觉有规律地延续下去，因为视觉想象有个完整性。这时的大小、长短、距离变化，都是在有序地进行，这个有序可以用数字的形式来求出，通常称为"数列比"。

数列比在许多的构成书中讲得构其复杂，实际上数列比就是形状的大小，或形与形的距离渐变要变多少的尺寸问题，这一序列的数字之间比例关系。简单地讲，前面谈到的旋转台阶的数列比就是1：1，1：1，1：1……换句话说台阶的大小不变，距离保持一致。若是制作形态构成旋转作品，形状的大小、长短、距离要渐变，要变多少？这时就要通过计算来解决。通常采用的计算方法有：根号数列比、等差数列比、调和数列比、黄金分割比等，对于各种数列比要灵活应用，注重感觉，不要生搬硬套（图5-11 图5-13）。

秩序性是依据视觉法则将单个或零乱的形态组织为群众形态。秩序有定型性质，定量性质，而定型定量的依据则是数列比的应用。

图5-11 形态的秩序(一)

图5-12 形态的秩序(二)

图5-13 形态的秩序(三)

课题训练

■ 形态秩序构成

课题要求：以基本造型元素点、线、面、体根据稳定性原理来表现空间的秩序感。

数量要求：1件

建议课时：1课时

课题步骤：尝试对点、线、面、体进行有规则的、不规则的各种配置，并可以运用一个主题，以达到秩序的效果。

课题提示：注意形态的统一性、完整性以及体现的情感色彩。

5.4 形态的对比与调和感

亚里士多德曾说："美与不美，艺术作品与现实事物，分别就在于美的东西在艺术作品里，原来零散的因素结合为一体。"

美国建筑理论家哈姆林指出："一件艺术作品的重大价值，不仅在很大程度上依靠不同要素的数量，而且还有赖于艺术家把它们安排得统一，或者换句话说，最伟大的艺术，是把最繁杂的多样变成最高度的统一。"

黑格尔写道："和谐是从本质上见出的差异面的一种关系，而且是这些差异面的一种整体。""和谐一方面见出本质上的差异面的整体，另一方面也消除了这些差异面的纯然对立，因为它们的互相依存和内在联系就显现为它们的统一。"

英国艺术理论家赫伯特·里德给"美"下的定义为"美是存在于我们感性知觉里诸形式关系的整一"。

对比是指"两个在质或量上都截然不同的构成要素，同时或继时地配置在一起时，出现的整体知觉上加大相互间特性差的现象"。

统一是指构成要素的组合结果在视觉上取得的稳定感、整体感和统一感，是各种对立或非对立的形式因素有机组合而构成的和谐整体。

西方哲学认识论的基本特征就是二元对立与一元中心的统一。古希腊的毕达哥拉斯学派认为统一起源于差异的对立。赫拉克里特（Helakritos）认为，"互相排斥的东西结合在一起，不同的音调造成最美的和谐统一，一切都是斗争产生的。"中国古代哲学主张阴阳的对立统一。对比统一同样体现在视觉艺术中，是视觉语言的基本规范之一。

调和是与对比相反的概念，指在造型中强调其构成要素共同性的因素，使对比的双方减弱差异并趋于协调。

对比与调和的规律，在自然界和人类社会中广泛地存在着。有对比，才有不同形态的鲜明形象；有调和，才有某种相同特征的类别。

建筑设计设计中，对比是取得变化的一种重要手段，可使形态生动、活泼、个性鲜明，产生强烈的刺激力和表现力；而调和又使形态产生过渡综合的协调作用，使双方彼此接近，产生强烈的单纯感和统一感。

只有对比，没有调和，形态就显得杂乱；只有调和而没有对比，形态则会显得呆滞、平淡无味。创造形态要根据不同情况，或突出对比或强调调和。突出对比时，要注意到它的调和；强调调和时，又要加以少量的对比，使之形成对立统一的关系。一般说来，建筑形态的对比与调和关系的表现形式很多，除形体对比和空间对比外，还要注意以下两个方面构成对比与调和的关系：

5.4.1 材质的对比与调和

材料是建筑形态的物质基础，各种材料都具有各不相同的外观特征和手感，体现出不同的材料质地美。在同一形态中，使用不同的材料可构成材质的对比。材质的对比虽然不会改变造型的变化，但却具有较强的感染力，如木材的朴实自然、钢材的坚硬沉重，布的温馨舒适，铝的轻快华丽等等，能使人产生丰富的心理感受。

建筑形态中利用材质对比的情况很多，如各种不同肌理表面的材料光滑与粗糙对比，硬材与软材的对比，透明材料与不透明材料的对比，固体材料与液体材料的干湿对比，新材料与旧材料的洁脏对比等等。而当各种各样近似质地的材料组合在一起时，它们就呈调和关系。我们要根据构成的不同内容和要求来决定是加强材质的对比关系还是加强材质的调和关系（图5-14～图5-16）。

图5-14 材料的对比与调和（一）

图5-15 材料的对比与调和（二）

图5-16 材料的对比与调和(三)

5.4.2 实体与空间的对比与调和

前面讲过实体与空间是互补的。实体依存于空间之中,而空间若没有实体的浮标来标识它,也就不可能觉察到它。在构成中,实体是指封闭的立体形态,如球体、立方体等,实体能影响空间,给人带来不同的空间情绪。亨利·摩尔曾经说过:"形体和空间是不可分割的连续体,它们在一起反映了空间是一个可塑造的物质元素。"如果说人类建造房屋是为了让身体在里面歇息,那么人类创造形态艺术是为了让精神在其中永存。因此,处理好空间与实体的对比与调和,才能使人类的精神得以更完美的留存。实体与空间的对比与调和,主要从凸与、正与负和虚与实方面去表现(图5-17、图5-18)。

课题训练

■ 形态材料的对比与调和构成

课题要求:以材料质感根据稳定性原理表现空间的材料对比与调和构成。

数量要求:1件

建议课时:4课时

课题步骤:尝试对不同材料进行有规则的、不规则的各种配置,并可以运用一个主题,以达到对比与调和的效果。

图5-17 实体空间与虚体空间的对比与调和（一）

图5-18 实体空间与虚体空间的对比与调和（二）

课题提示：注意形态的统一性、完整性以及体现的情感色彩。

■ 形态实体与空间的对比与调和构成

课题要求：以基本造型元素点、线、面、体根据稳定性原理来表现空间的实体与空间的对比与调和构成。

数量要求：1件

建议课时：4课时

课题步骤：尝试对不同的造型元素进行有规则的、不规则的各种配置，并可以运用一个主题，以达到对比与调和的效果。

课题提示：注意形态的统一性、完整性以及体现的情感色彩。

5.5 形态的空间感

如何理解空间的含义，空间包括哪些构成要素？对于从事造型设计的专业人士来讲，显得尤为重要。所谓空间，是指立体形态周围的空虚部分，空间是无限的。任何一个立体形态都占据一定的空间，任何空间形态的建立都必须借助立体形态来表达，两者相辅相成。

空间大致分为两类：物理空间和心理空间。运动现象中"动"的运动（可视的，具有环境等的改变）表现为物理空间，"静"的运动（耗散结构、人眼的聚焦运动、思维运动等）表现为心理空间。

5.5.1 物理空间和心理空间

1. 物理空间

是指受形态所限定的、划分和包围的、可测量的空间。可以具体化为空隙或消极的形体。如虚线、虚体、虚面等。它是物质存在的广延性（物质存在的形式）。物理空间相当于物质，是不以人的意志为转移的客观实在，是永恒的。物理空间和物质密不可分，没有脱离物质存在的空间，也没有游离于空间外的物质。物理空间具有物质的三个维度：长、宽、高。它是造型设计时必须进行的物理条件的限定。通过限定，可以从无限中构成有限，将无形化为有形，将虚空变为视觉形象（图5-19、图5-20）。

图5-19　物理空间（一）

2. 心理空间

心理空间是实际不存在的、没有明确边界但能感受到的空间。它来自形态对周围的扩张，发送出一定的信息和条件，并为人所刺激和感应，进而感觉到空间存在。它是人类知觉产生的直接效果。证明心理空间的存在相当容易，例：乘坐公共汽车时，如果人很少，你会发现这样的有趣现象：一上车后，互不相干的人总是注意尽量不要坐得太靠近，如果条件允许的话，人们会将座位互相隔开，象事先安排好的一样。究其原因，是因为每个人都有私人空间（场），迫使人们相互遵循（图5-21）。

图5-20　物理空间（二）

图5-21　心理空间

第5章　建筑形态的视知觉　129

5.5.2 空间感的创造

空间感实质上是形体向周围的扩张，是人类知觉的实际效果。其原因主要来自于内力运动变化的"势"。势是一种以特定的格局和无形的力推动或制约事物的发展演变进程，它影响人们的情感和心理的能量。其范围作用可以用"场"来描述。这种场在人的感觉中表现十分明显，又称为"知觉场"。

格式塔心理学早已证明：视觉形象永远不是对于感性材料的机械复制，而是对现实的一种创造性的把握，它把握到的形象是含有丰富的想象性、独创性、敏锐性的美的形象。既然如此，作为设计者创造视觉形象，就应该努力留给观赏者以发挥想象的余地，并附加暗示、启发和诱导。因此，除却研究实体本身外还该重视空间。物理空间比较容易把握，而心理空间则更具艺术效果。

我们知道，空间感实质是是实体向周围的扩张，是不可视的运动。空间感的感知主要来自于人对知觉场的体会。知觉场（空间感）的创造包括如下内容：

1. 空间紧张感

紧张感有两个释义：一是，当空间中配置两个以上的形态时，其间由于处于分离状态下来构成一个整体的最大距离；超越该距离，形态分散不能成为一个整体，小于该距离，形态虽能构成整体，但失去两个形态分离的意义，因而这个距离构成了心理和视觉上的紧张感；二是形态具备从正常位置或正常状态脱离的状态，前者属于创造一体感的张力组合，后者多用于创造动势和动态。所以，紧张感意味着"扩张"、"伸展"、"前进"等（图5-22、图5-23）。

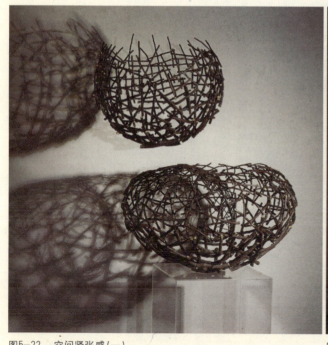

图5-22 空间紧张感（一）

图5-23 空间紧张感（二）

制造空间紧张感的因素：

点的紧张感：点的位置感、大小、色彩、形状及多寡。

线的紧张感：线的方向、延展、拉伸、长度、粗度紧张强度等。

角的紧张感：角的度数大小、夹角两边直线的长短等。

分离布置的紧张感：形态之间分开距离的把握，紧张感是分离布置中最舒适的距离，强调空间进深感。

2. 进深

进深指前后的距离。在有限的深度层次内创造比有限深度大得多的进深。相当于知觉梯度（所谓知觉梯度，指某种知觉对象的"质"在时空中的逐渐增加或加速减少）。无论在平面上还是立体上都可以生动表现深度层次，增强艺术效果。进深的表现主要依赖人的视觉经验（图5-24～图5-26）。

1）直线透视，利用视觉经验，等大的物体从某一视点看上去，距离远的较小，距离近的较大且同一物体中相互平行的横线都消失为视平线上的一个灭点。而垂线长短变化越大，或透视消失越快，表明深度越深。

2）迭插或遮挡，利用物体的迭插、遮挡判断物体的前后关系，加以形态的大小变化和中心的偏移，加强深度表达。

3）阴影和明暗，阴影不仅可以制造距离和进深感觉，也是构成立体感的重要因素。把握对象的明与暗、光亮或阴影的分布是产生立体感的一个重要因素。设计中要巧用明暗、虚实来产生立体知觉和深度层次。

4）多点透视和思维运动，利用多点透视来引导视线做反复的运动形成不同空间距离感的结合，也可遮挡或隐藏视平线、灭点，造成空间悬疑，将有限

图5-24 空间进深感（一）

的空间引向无限。

3. 空间流动感。

空间感指人所感知的知觉场，是看不见但可以感觉的虚空间。其流动感主要指虚空间的扩张作用。可利用形体的诱导如，创造形体的各种动态、动势，制造"视线运动"（图5-27）。

图5-25 空间进深感（二）

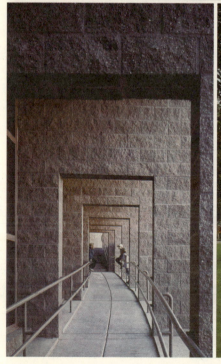

图5-26 空间进深感（三）（左）

图5-27 空间的流动感（右）

课题训练

■ 形态的空间感增强构成

课题要求：以基本造型元素点、线、面、体根据视觉心理来表现强烈空间感。

数量要求：1件

建议课时：4课时

课题步骤：尝试对点、线、面、体进行有规则的、不规则的各种配置，并可以运用一个主题，以达到较强的空间感。

课题提示：注意形态的统一性、完整性以及体现的情感色彩。

参考文献

[1] 立体构成．刘海波．重庆：重庆大学出版社，2005．

[2] 平面构成．刘海波．北京：科学技术出版社，2006．

[3] 建筑形态构成．蒋学志．长沙：湖南科学技术出版社，2005．

[4] 建筑：形式．空间和秩序．[美]程大锦，刘丛红等译．天津：天津大学出版社，2005．

[5] 建筑设计资料集(1)．建筑设计资料集编委会编．北京：中国建筑工业出版社，1994．

[6] 立体构成．李芬．北京：科学技术出版社，2006．

[7] 欧洲现代建筑解析——形式的意义．丁沃沃等．南京：江苏科学技术出版社，1999．

[8] 建筑设计与流派．郑东军．天津：天津大学出版社，2002．

[9] 造型艺术中的形式问题．[德]阿道夫·希尔德勃兰特．北京：中国人民大学出版社，2004．

[10] 对称．[德]赫尔曼·外尔．上海：上海世纪出版集团，2005．

[11] 现代建筑理论——建筑界和人文科学自然科学与技术科学的新成就．刘先觉．北京：中国建筑工业出版社，1999．

[12] 建筑色彩原理与技法．高履泰．北京：中国水利水电出版社，2001．

后 记

　　《建筑形态与构成》一书是我近10年来的教学工作的积累与总结，多年来，我一直盼望着有机会能将此内容整理编出。建筑类专业造型基础课程一直沿用包豪斯体系的三大构成，教学内容、教学方向偏移，导致学生的学习枯燥无味，不加思索地机械描绘，结果是学与不学的区别只是技法的娴熟与否，对学生造型能力、创新能力的培养较弱。在当前对建筑类专业造型基础课程越发越多的反思与改革中，我决定对《建筑形态与构成》进行系统的整理与修订，在此基础上才有今天出版的可能。本书第2、3、4章由刘海波编写，第1、5章由季翔编写，刘海波统稿。感谢东南大学胡平教授、程明震教授、同济大学林家阳教授在学术上的支持、鼓励与关心；感谢季翔教授在百忙之中抽出时间亲自编写了本书的部分章节，并严谨地对全书内容进行了总体把握与审定；感谢2002到2007级我的学生李白雪、成寓寓、李权、李肇元、杨平等提供的课内外作品的支持；感谢本书部分所引用图片经多方联系未果的作者。借此机会向以上各位表示诚挚的感谢，作为本书的结尾。

刘海波